EKOLOJİ

Richard Spurgeon

TÜBİTAK Popüler Bilim Kitapları 64
Gençlik Kitaplığı 4

Ekoloji / Ecology
Richard Spurgeon
Çeviri: Deniz Yurtören
Türkçe metnin bilimsel danışmanı: Prof. Dr. Nihat Şişli

Resimleyen: Kuo Kang Chen, Brin Edwards, Caroline Ewen

TÜBİTAK Popüler Bilim Kitapları'nın seçimi ve değerlendirilmesi
TÜBİTAK Yayın Komisyonu tarafından yapılmaktadır.

ISBN 975 - 403 - 100 - 2

İlk basımı Şubat 1998'de yapılan
Ekoloji
bugüne kadar 52.500 adet basılmıştır.

22. Basım Nisan 2004 (2500 adet)

Yayınlar ve Tanıtım Daire Başkanı
Şefik Kahramankaptan

İşletme Müdürü
M. Kemal Bostancıoğlu

Yayıma Hazırlayan: Sevil Kıvan
Sayfa Düzeni: Seval Özgül

TÜBİTAK
Atatürk Bulvarı No: 221 Kavaklıdere 06100 Ankara
Tel: (312) 427 33 21 Faks: (312) 427 13 36
e-posta: kitap@tubitak.gov.tr
İnternet: kitap.tubitak.gov.tr

Ziraat Matbaacılık A.Ş. - Ankara

Ekoloji Milli Eğitim Bakanlığı [Eylül 1998 tarih ve 2492 sayılı
Tebliğler Dergisi, sayfa 1192] tarafından tavsiye edilmiştir.

EKOLOJİ

Richard Spurgeon

ÇEVİRİ
Deniz Yurtören

TÜBİTAK POPÜLER BİLİM KİTAPLARI

İçindekiler

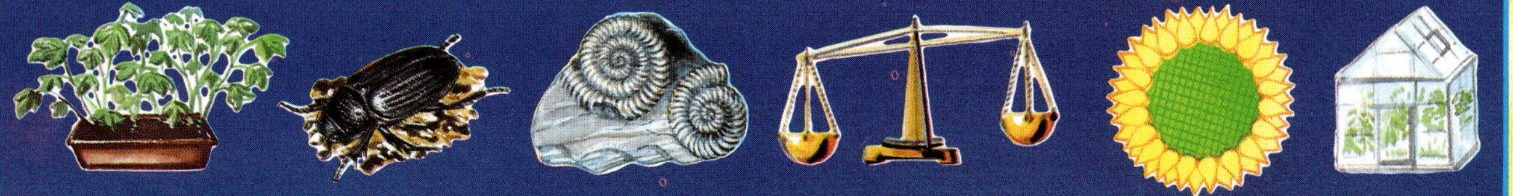

Kitaba ilişkin bilgiler

Ekoloji yeryüzündeki tüm canlıları ve bunların birbirleri ve çevre ile etkileşimlerini inceleyen bilim dalıdır. Bu kitap bitkilerin ve hayvanların çevreyle nasıl uyumlu bir bütün oluşturduğunu ve biz insanların da nasıl bunun ayrılmaz bir parçası olduğumuzu anlatmaktadır. Ekolojiye özgü belli başlı kavramların açıklanmasında, dünyanın çevre koşulları açısından birbirinden çok farklı bölgelerinden alınmış örneklerden yararlanılmıştır.

Bu kitapta doğal çevrenin insanlar tarafından nasıl bozulduğunu ve bunun sonucunda ortaya ne gibi sorunların çıktığını örnekleriyle göreceksiniz. Bunun yanı sıra çevrenin korunması ve sorunların giderilmesi için neler yapılabileceğini de öğreneceksiniz. Yaşadığınız bölgede çevrenin korunmasına katkıda bulunmak için neler yapabileceğinize ve bunun dışında tüm insanlığı ilgilendiren daha kapsamlı çevre sorunlarının nasıl çözülebileceğine ilişkin öneriler de kitabınızda yer almaktadır.

Sözlük

Kitapta kullanılan temel ekolojik kavramlara ilişkin açıklamaları 46-47. sayfalarda yer alan Sözlük bölümünde bulabilirsiniz.

Yararlı adresler

Doğal yaşamın korunmasına katkıda bulunmak ve çevre koşullarının iyileştirilmesi yolunda kendilerine düşeni yapmak isteyen okurlar için 44-45. sayfalarda başlıca çevreci kuruluşların adresleri verilmiştir. Büyük bir bölümü gençlerin katılabileceği etkinlikler düzenleyen bu kuruluşlar size istediğiniz bilgileri vermeye her zaman hazırdır.

Burada dünyanın çevre koşulları açısından yaşanması en güç yerlerinden biri olan çölü ve bu koşullara uyum sağlamayı başarmış olan bazı insan ve hayvanları görüyorsunuz. Kitabınızın 16-17. sayfalarında bu konuda daha geniş bilgiler bulacaksınız.

Etkinlikler ve projeler

Ekoloji ile ilgili deney ve projeler böyle kutular içinde anlatılmaktadır. Kitabınızın hemen her sayfasında ve en sondaki "Ekoloji Projeleri" bölümünde bu tür çalışmalara ilişkin örnekler yer almaktadır. Projeler bölümünde verilen örnekler diğerlerine kıyasla biraz daha fazla zaman ve çaba gerektirebilir.

Ekoloji nedir?

Ekoloji, doğal çevrede yaşayan canlıları ve bunların canlı ve cansız **çevreleri** ile olan etkileşimlerini inceleyen bilim dalıdır. Doğal çevre herhangi bir canlının çevresindeki canlı ya da cansız tüm varlıklardan oluşur.

Sizin kendi çevreniz de etrafınıza baktığınız zaman gördüğünüz ya da göremediğiniz canlı ve cansız tüm varlıkları kapsar. Çevrenizin temel öğeleri (örneğin soluduğunuz hava) hep aynıdır, ama ayrıntılar sürekli biçimde değişir.

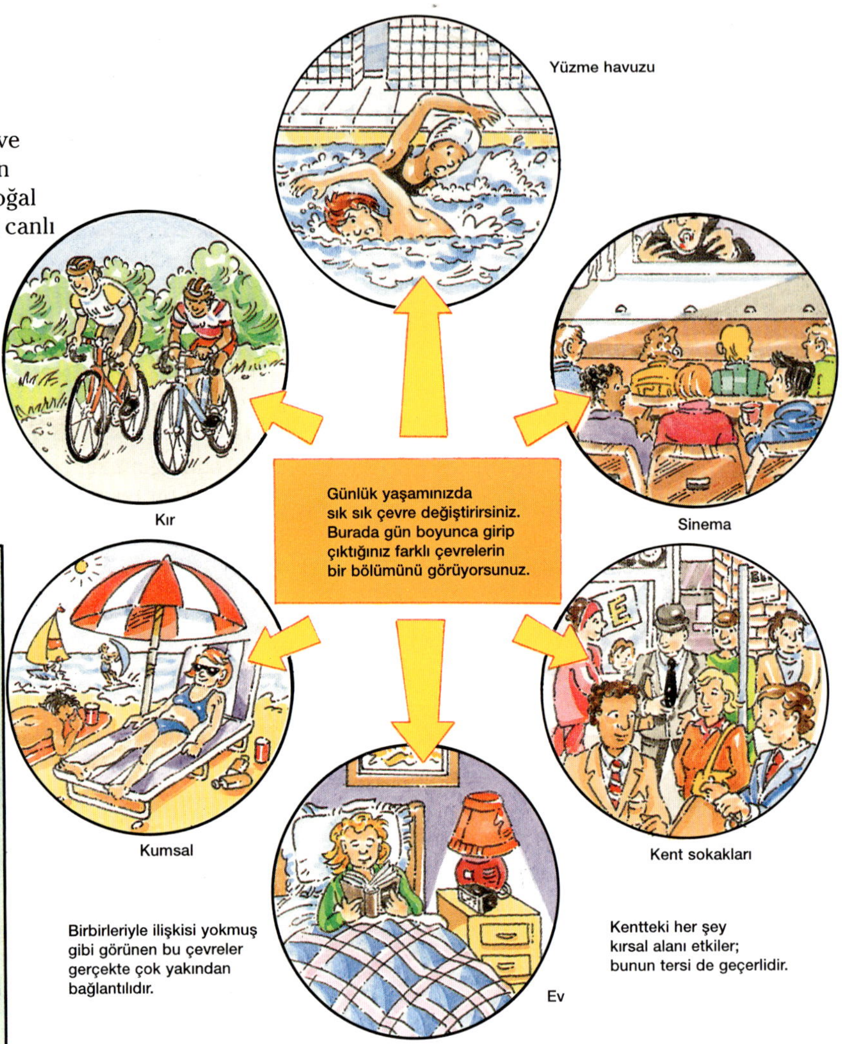

Birbirleriyle ilişkisi yokmuş gibi görünen bu çevreler gerçekte çok yakından bağlantılıdır.

Kentteki her şey kırsal alanı etkiler; bunun tersi de geçerlidir.

Gövdeniz de başlı başına bir çevredir. Yediklerinizi sindirmenizi kolaylaştıran bakteriler gibi binlerce canlıyı barındırır. Onların çevresi sizsiniz.

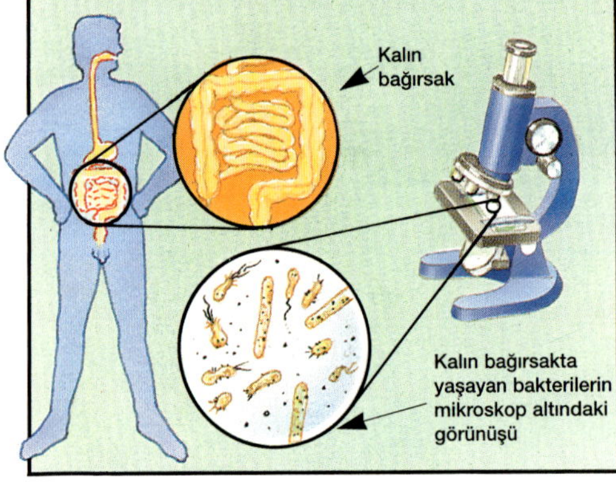

Bağlantılar

Ekoloji insanların, hayvanların ve bitkilerin arasındaki bağlantıları ve tüm bu canlıların birbirleri ve çevre ile etkileşimlerini inceler.

Kendinizi ele alın. Çevreyle aranızda ne gibi bağlantılar var? Yedikleriniz nereden geliyor? Çöpünüz nereye gidiyor? Çevrenizde hangi hayvan ve bitkiler var?

Çevrenize yönelik her davranışınız, hem sizi hem de sizinle aynı çevreyi paylaşan diğer canlıları etkiler. Bunun nedeni yeryüzündeki canlı ya da cansız tüm varlıkları dev bir ağ oluşturacak biçimde birbirine bağlayan bağlardır.

Yaşam alanları

Bir grup hayvan ve bitkinin doğada yaşadıkları yere **yaşam alanı**, oradaki canlılara da **topluluk** diyoruz. Büyükçe bir taşı yerden kaldırdığınızda taşın altındaki yaşam alanında bir canlı topluluğunun bulunduğunu görürsünüz.

Küçük yaşam alanlarının biraraya gelmesiyle daha büyükleri ortaya çıkar. Yerden aldığınız taş bir derenin kenarında, dere de bir ormanın içinde olabilir. Büyük yaşam alanları daha çok sayıda hayvan ve bitki topluluğunu barındırır.

Bir taşın altındaki hayvan topluluğu

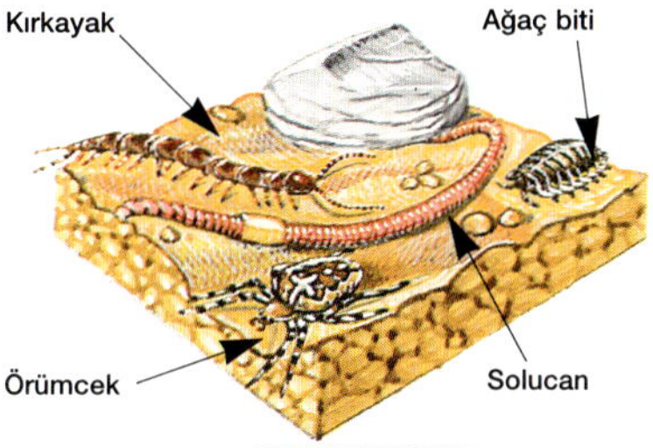

Bir derenin kenarında ya da içinde yaşayan hayvan ve bitki topluluğu

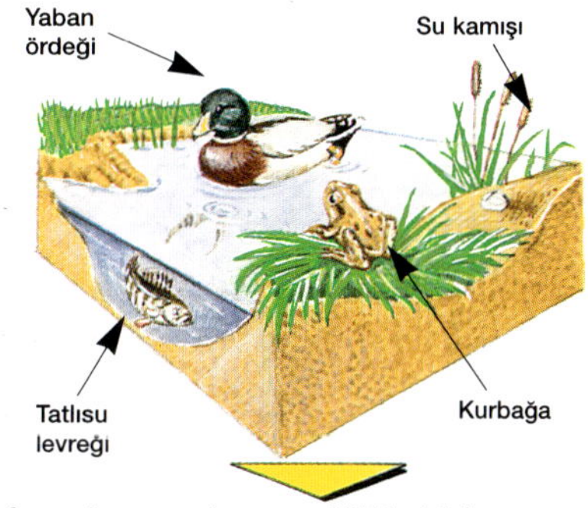

Ormanda yaşayan hayvan ve bitki topluluğu

Yaşadığınız yerde çeşitli yaşam alanları bulmaya çalışın. Bunun için her yere –her şeyin içine, üstüne, altına ve çevresine– bakın. Daha sonra her şeyi bulduğunuz gibi bırakmayı unutmayın.

Göl

Göl, büyük yaşam alanlarına verilebilecek iyi bir örnektir. Göllerde çok çeşitli hayvan ve bitki toplukları yaşar. Gölün kendisi ile çevresinde ve içindeki canlı ya da cansız her şey **ekosistem** adını verdiğimiz, kendi içinde bütünlüğü olan ekolojik bir birim oluşturur. Ekosistemler konusunu 8. sayfada daha ayrıntılı biçimde ele alacağız.

Çevrenizde küçük bir göl varsa, bir plankton kepçesini suya daldırın ve biraz ilerlettikten sonra çıkarın. Gördüklerinizi yazın. İlginç bir şey varsa onu daha iyi görebilmek için su dolu bir kavanoza koyun (bu küçük yaratığın ne olduğunu anlamak için göllerdeki yaşamı anlatan resimli bir kitaba bakabilirsiniz). Araştırmanız bittiği zaman topladığınız her şeyi bulduğunuz yere bırakın.

Bu iş için kullanacağınız kepçeyi kendiniz de yapabilirsiniz: Bir tel askıya çember biçimi verin ve iki ucunu bir kamışın içine sokun ya da bir sopanın ucuna bağlayın. Eski bir naylon çorabı çemberin çevresine geçirip iple bağlayın.

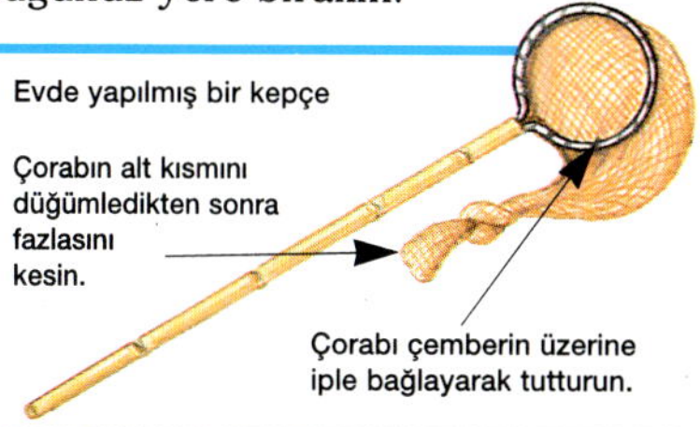

Burada değindiğimiz türde küçük göllere artık sık rastlanmıyor. Zamanla bunların çoğu dolduruldu ya da üzerleri kendiliğinden kapandı. Buralarda yaşayan canlılara ne mi oldu? Bazı hayvan ve bitkiler varlıklarını ancak belli yaşam alanlarında sürdürebilirler ve yaşam alanları yok olduğu zaman onlar da yok olur.

Kendi küçük gölünüzü yapmayı deneyin

Bulunduğunuz yerdeki doğal yaşama katkıda bulunmak için küçük bir göl yapabilirsiniz. Yapması çok zor olmayan bu göl pek çok canlıyı kendine çekecektir. Gerekli açıklamalar için 36-37. sayfalara bakın.

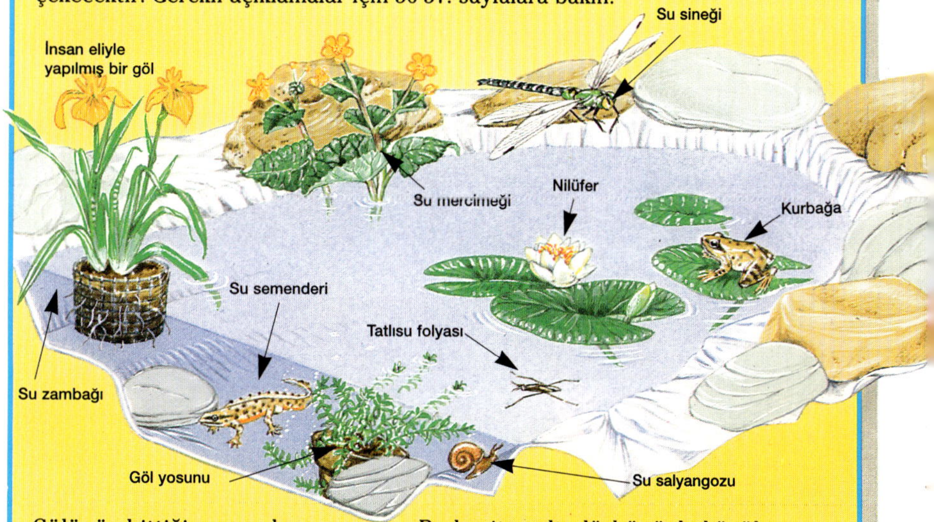

Gölünüz bittiği zaman bu resimdekine benzeyecektir. Epeyce emek ve zaman gerektirmesine karşın, bu küçük göle konuk gelecek ya da orada yaşamayı seçecek birçok canlıyla tanışmak ve onları yakından izlemek istemez misiniz?

Bu basit sualtı dürbünüyle küçük gölünüzdeki yaşamı daha yakından izleyebilirsiniz. Plastik bir şişenin baş ve dip taraflarını kesip bir tarafını saydam folyo ile kapatın ve paket lastiği ile tutturun. Kapalı ucunu suya sokacağınız bu dürbünle gölün içindekileri görebilirsiniz.

Çevre

Çevremizi etkilediğimiz ölçüde kendimiz de çevreden etkileniriz. Tüm canlılar gibi biz de yaşamın temel gereksinimleri için çevremize bağımlıyız. İnsanlar, hayvanlar ve bitkilerin yaşayabilmek için güneşe gereksinimleri vardır. Güneşin ısısı olmasa dünyamız buzdan ve çıplak kayalardan oluşan, donmuş bir kütle olurdu.

Güneş tüm canlılara yaşamlarını sürdürebilmeleri için gerekli olan enerjiyi verir; karaları ve üzerlerindeki havayı ısıtarak rüzgârları oluşturur ve yeryüzündeki suların buharlaşıp atmosfere karışarak, su çevrimine girmesini sağlar (bkz. 12. sayfa). Hiçbir canlının onsuz var olamayacağı güneş, çevrenin en önemli öğesidir.

İklimler

Haritada dünyadaki belli başlı altı iklim kuşağını görüyorsunuz. Bir bölgenin iklimini belirleyen en önemli etkenler Ekvator'a uzaklığı, denize uzaklığı (iç kısımlar daha az yağış alır) ve deniz seviyesinden yüksekliğidir (yükseğe çıkıldıkça sıcaklık düşer).

Canlılar çevre koşullarından büyük ölçüde etkilenirler. Sıcaklık, yağış ve diğer iklimsel özellikler hayvan ve bitkilerin türlerini, gelişimlerini ve davranışlarını yönlendirir (bkz. 8. sayfadaki harita).

İklim ve yeryüzü şekilleri, karşılıklı etkileşim yolu ile yaşamın sürmesi için gereken çevrenin oluşmasını sağlarlar. Yağmur ve rüzgâr gibi aşındırıcı iklimsel olgular, zaman içinde tüm canlıların besin kaynağı olan toprağı oluşturur.

Güneş enerjisinin dünya üzerindeki dağılımı bölgeden bölgeye değişir. Örneğin Ekvator bölgesi, Kutuplara kıyasla güneş enerjisinden daha fazla yararlanır. Bu farklılık rüzgârları yaratır.

Kutuplarda güneş ışınları daha kalın bir atmosferden geçerek yeryüzüne ulaşır ve daha geniş bir yüzeye yayılır. Bu nedenle Kutuplar, Ekvator bölgesine kıyasla çok daha soğuktur.

Tropik bölgelerden gelen sıcak rüzgârlar ve okyanus akıntıları ile Kutuplardan gelen soğuk rüzgârlar ve akıntılar arasındaki etkileşim, birbirleri ile karıştıkları yerlerde belirgin iklim koşullarının ortaya çıkmasına neden olur.

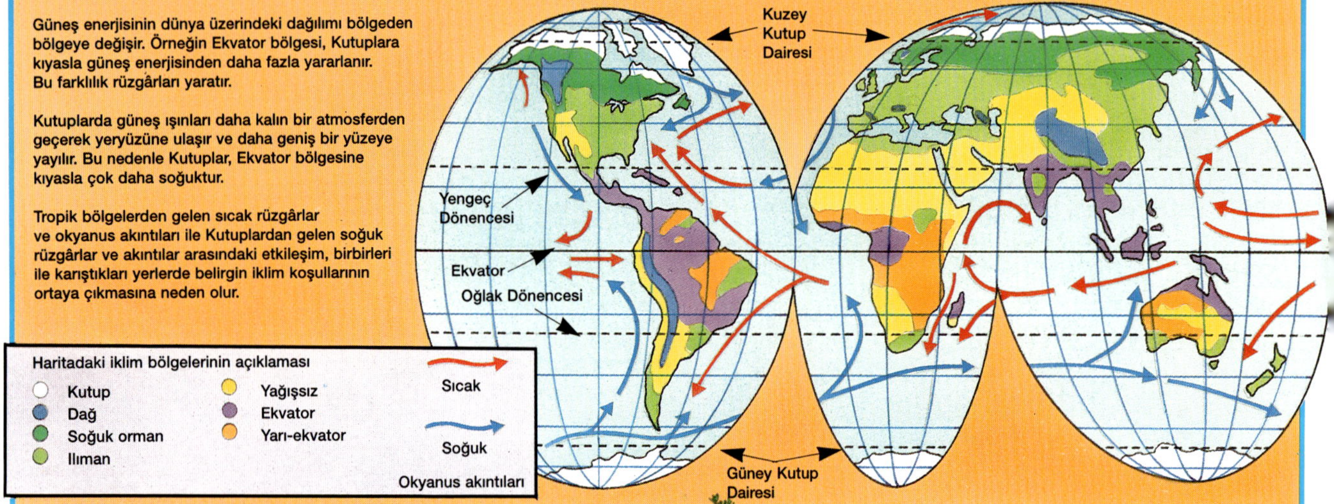

Toprağın önemi

Sıcaklık, rüzgâr ve suyun aşındırıcı etkileri, dünyamızın yüzeyini kaplayan kayaların zamanla parçalanması ve toprağı oluşturan mineral taneciklerinin açığa çıkmasına neden olur. Yeryüzü şekillerinin zaman içinde nasıl değiştiği 28. sayfada anlatılmıştır.

Kaya parçacıklarının üzerinde yetişen bazı çok küçük bitkilerin zamanla ölüp çürümesi sonucunda **humus** adı verilen organik madde ortaya çıkar. Mineral tanecikleri ve humusun karışımı toprağı oluşturur. Toprağın içinde ayrıca su ve hava ile bakteriler gibi milyonlarca mikroskobik canlı, çok çeşitli böcek türleri ve daha büyük hayvanlar da vardır.

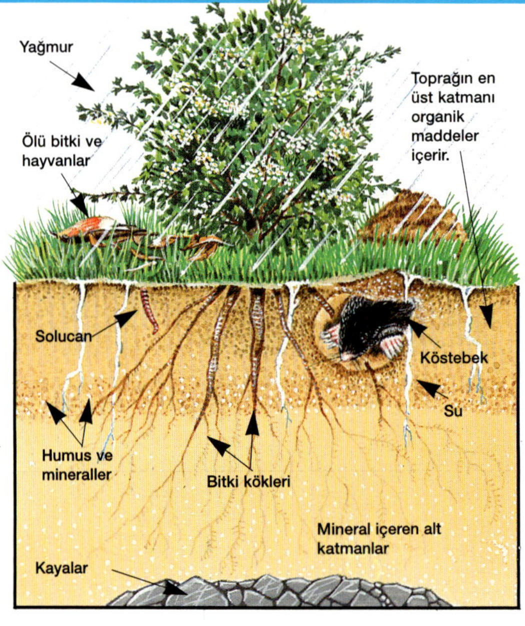

Her biri değişik oranlarda humus ve mineraller içeren çok çeşitli toprak türleri vardır. Farklı türlerdeki kayaların aşınıp parçalanması ile farklı mineraller ortaya çıkar. Farklı toprak türlerinde farklı bitkiler yetişir.

Yeşil bitkilerin çok büyük bir bölümü besin gereksinimlerini topraktan karşılar. Toprak, bitkilerin gelişmeleri için gerekli olan suyu ve mineralleri içerdiği gibi onlara kökleri ile tutunabilecekleri sağlam bir temel sağlar.

Toprakla yapılabilecek deneyler

Toprağın nelerden oluştuğunu görmek için su dolu bir kavanoza biraz toprak ekledikten sonra çalkalayıp bir kenara koyun. Birkaç gün sonra oluşan katmanları inceleyin.

Şimdi de çeşitli yerlerden farklı toprak örnekleri toplayın ve her örnekle aynı deneyi tekrarlayıp sonuçları karşılaştırın.

Topraktaki canlıları görmek için bir huninin içine bir parça tül yerleştirip üzerine biraz toprak koyun. Huniyi bir kavanozun ağzına oturtup gece boyunca yanan bir lambanın altında bırakın. Işık ve ısıdan kaçan yaratıkların kavanozun dibinde toplandıklarını göreceksiniz.

Toprak erozyonu

Dünyamızın yüzeyi, kayalık bölgelerde 1/2 cm'den ekime elverişli yerlerde 2 m'ye kadar değişen kalınlıkta bir toprak katmanı ile kaplıdır. Tüm canlıların besin kaynağı olan bu toprak katmanı ne yazık ki dünyanın her yerinde toprak erozyonu nedeniyle giderek incelmektedir.

Aşırı otlatma, yetersiz ya da fazla sulama, yoğun tarım ve ağaç kesimi gibi nedenlerle toprağın yüksek verimli üst katmanı, rüzgâr ve yağmurun aşındırıcı etkilerine karşı korumasız kalır. Bu davranışların sürmesi durumunda toprak tümüyle verimsizleşebilir.

1930'ların başlarında Amerika'nın orta batısındaki geniş tarım alanları toprak erozyonu nedeniyle ürün alınamaz duruma gelmişti.

Ağaçların yok olması, yoğun tarım ve rüzgârlara açık geniş arazilerin varlığı, uzun süren bir kuraklık dönemi ile birleşince "toz çanağı" adı verilen durum ortaya çıkmıştı.

Toprağın verimli üst katmanı rüzgârlarla savrulup gitmişti.

Yaşam için gerekli olan enerji

Tüm canlıların büyümek, hareket edebilmek ve yaşamsal işlevlerini sürdürebilmek için enerjiye gereksinimleri vardır. Bu enerjinin kaynağı güneştir. Yeşil bitkiler çevrelerindeki temel öğelerden besin üretmek için güneş enerjisinden yararlanırlar. **Üretici** denilen bu bitkiler, su ve karbon dioksitin oksijen ve karbonhidratlara dönüşmesini sağlayan **fotosentez** sürecinde güneş ışığını kullanırlar. Karbonhidratların bir kısmı topraktaki minerallerle birleşerek bitkinin gelişmesini sağlar. Geri kalanı ise çoğunlukla yapraklarda biriken ve gerektiğinde enerji kaynağı olarak kullanılan bir besin deposu oluşturur. Bitkilerin aksine kendi besinlerini üretemeyen hayvanlar bitkilerde depolanan besini tükettikleri için bunlara **tüketiciler** deriz.

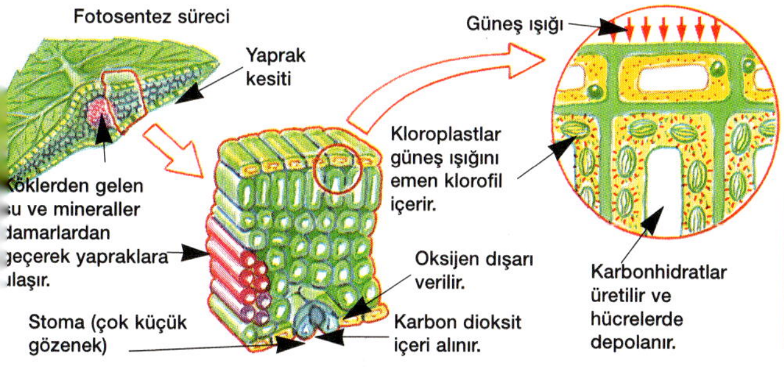

Bitkilerle yapılabilecek deneyler

Diplerine ıslak kâğıt havlu döşediğiniz iki tabağa su teresi tohumları koyun. Her iki tabağı da iki-üç gün karanlık bir yerde beklettikten sonra birini pencerenin önüne koyun. Birkaç gün sonra, bitkilerin sağlıklı gelişimi için gün ışığının ne kadar önem taşıdığına tanık olacaksınız.

Sağlıklı bitkilere verdiğiniz suya biraz gıda boyası katın ve ne olduğunu izleyin. Bitkiler suyu topraktan da işte böyle emerler.

Bitkiler güneş ışığından yararlanmak için yapraklarını güneşe doğru çevirirler. Güneşli bir yerde duran bir bitkinin büyümesini inceleyin, sonra da saksıyı ters yöne çevirip bir süre sonra ne olduğuna bakın.

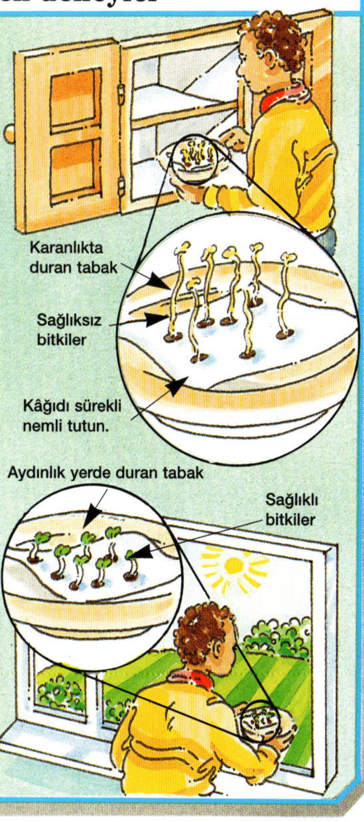

Ekosistemler

Bir ekosistem belli bir yaşam alanından ve oradaki topluluktan oluşur. Yaşam alanındaki canlılar birbirleri ve çevrelerindeki cansız (**abiyotik**) nesnelerle etkileşime girerek büyük ölçüde kendi kendisine yeterli olan bir ekolojik birim oluştururlar.

Büyük ekosistemlerin içinde çok sayıda daha küçükleri bulunabilir (örneğin, ormandaki bir ağacın çürüyen dalı).

Biyomlar karaların gruplandırılmasında kullanılan en büyük ekosistemlerdir (sağdaki şekilde bunları görebilirsiniz). Her biyom kendine özgü bitki örtüsüne göre adlandırılır ve çok çeşitli bitki ve hayvan türünü barındırır.

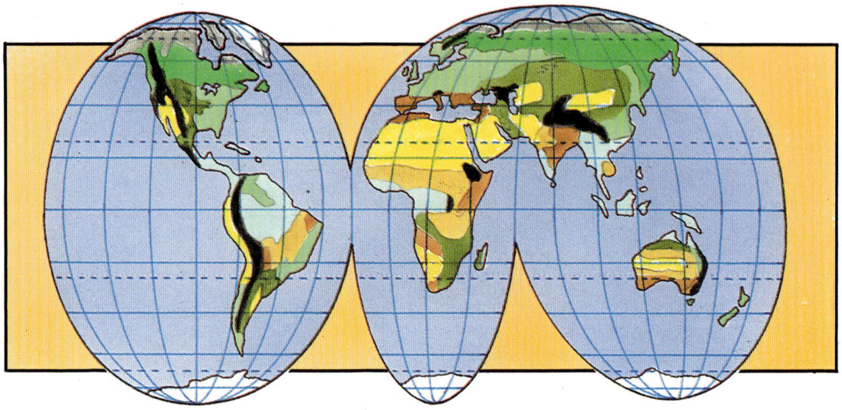

- Buz
- Dağ
- Maki. Kışları ılık ve yağışlı, yazları sıcak ve kurak. Çalı türü bitkiler.
- Tropik ormanlar. Sıcak ve yağışlı. Çok çeşitli canlı türleri (örneğin maymunlar ve egzotik kuşlar).
- Çöller. Çok yüksek ve çok düşük sıcaklıklar, çok az yağış, az sayıda canlı türü.
- Yaprak döken ormanlar. Yazları sıcak, kışları soğuk, meşe ve kayın gibi ağaçlar, çeşitli hayvanlar.
- Savanlar (tropik özellik taşıyan geniş otlaklar). Sıcak, kışın yağışlı, ağaçlık büyük düzlükler, antilop gibi hayvanlar.
- Yaprak dökmeyen ormanlar. Yaz-kış soğuk, çam ve ladin gibi iğne yapraklı ağaçlar, geyik ve kurt gibi hayvanlar.
- Ilıman otlaklar. Yazları sıcak, kışları soğuk. Geniş düzlükler, buffalo gibi hayvanlar.
- Tunduralar. Çok soğuk ve rüzgârlı, ağaçsız, az sayıda hayvan türü.

Her biyoma özgü iklim koşulları (bkz. 6. sayfadaki iklimler haritası) orada yaşayan hayvan ve bitki türlerini doğrudan etkiler.

Yaşadığınız yerdeki ekosistemler

Yaşadığınız yerin ekolojisini tanımak için, ekolojik yönden ilgi çekici noktaları gösteren bir harita yapmak iyi bir yoldur. Bölgenize ait büyük ölçekli bir harita bulun ve bunu bir kâğıda kopyalayın ya da bir fotokopisini çıkartın. Sonra da bölgeyi gezip önemli ekosistemlerin yerlerini saptayın ve haritanızda işaretleyin. Kullandığınız simge ve renkleri açıklayan bir de anahtar ekleyin. Haritanıza ekleyebileceğiniz başka ilginç şeyler bulmak için çevrenize dikkat edin.

Bir ekosistem haritası örneği

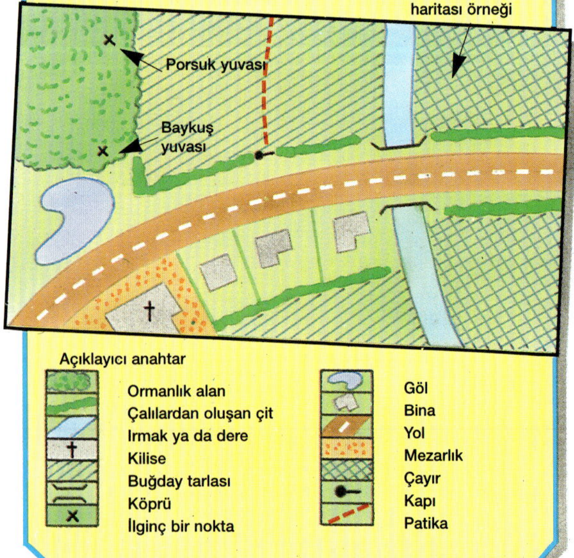

Besin zincirleri

Bir ekosistem içindeki tüm canlılar beslenme açısından birbirlerine bağlıdır. Daha önce de değindiğimiz gibi (7. sayfaya bakın) bitkiler güneş enerjisini kullanarak besin üretir ve böylelikle hayvanlara yaşamaları için gereken enerjiyi sağlarlar. Bitkilerde besin olarak depolanan enerji, bir **besin zinciri** biçiminde tüm topluluğa dağılır. Sadece bitkilerle beslenen hayvanlara **birincil tüketiciler**, bunlarla beslenenlere ise **ikincil tüketiciler** denir. İkincil tüketicilerle beslenen diğer bir grup hayvan ise **üçüncül tüketiciler** adını alır.

Her besin zincirinde bitkisel/hayvansal kalıntıları topraktaki humus ve minerallere dönüştüren bakteriler, mantarlar ve böceklerden oluşan **ayrıştırıcılar** bulunur. Bunlar kendi besin gereksinimlerini de bu süreç sırasında sağlarlar.

Ayrıştırıcılar nasıl çalışır?

Çürümeye başlamış bir ağaç kütüğü bulun ve çürüme sürecini izleyin. Bir süre belli aralıklarla farklı ayrıştırıcıların resimlerini çekin ya da gördüklerinizi not edin. Çürüme süreci ne kadar zamanda tamamlanıyor?

Besin ağları

Her ekosistem çok sayıda farklı besin zinciri içerir ve bunlar biraraya gelerek çok daha karmaşık nitelikte bir **besin ağı** oluştururlar. Bu karmaşıklığın nedeni hayvan türlerinin genellikle farklı şeyler yemeleri ve böylelikle de besin zincirlerinde farklı roller oynamalarıdır. Farklı beslenme biçimleri farklı ekosistemleri de birbirine bağlar -bir ekosistemdeki hayvanlar bir diğerindeki bitki ve hayvanları yiyebilirler. Böylece yeryüzündeki tüm canlılar çok büyük ve karmaşık bir besin ağı içinde birbirlerine bağlanmış olmaktadırlar.

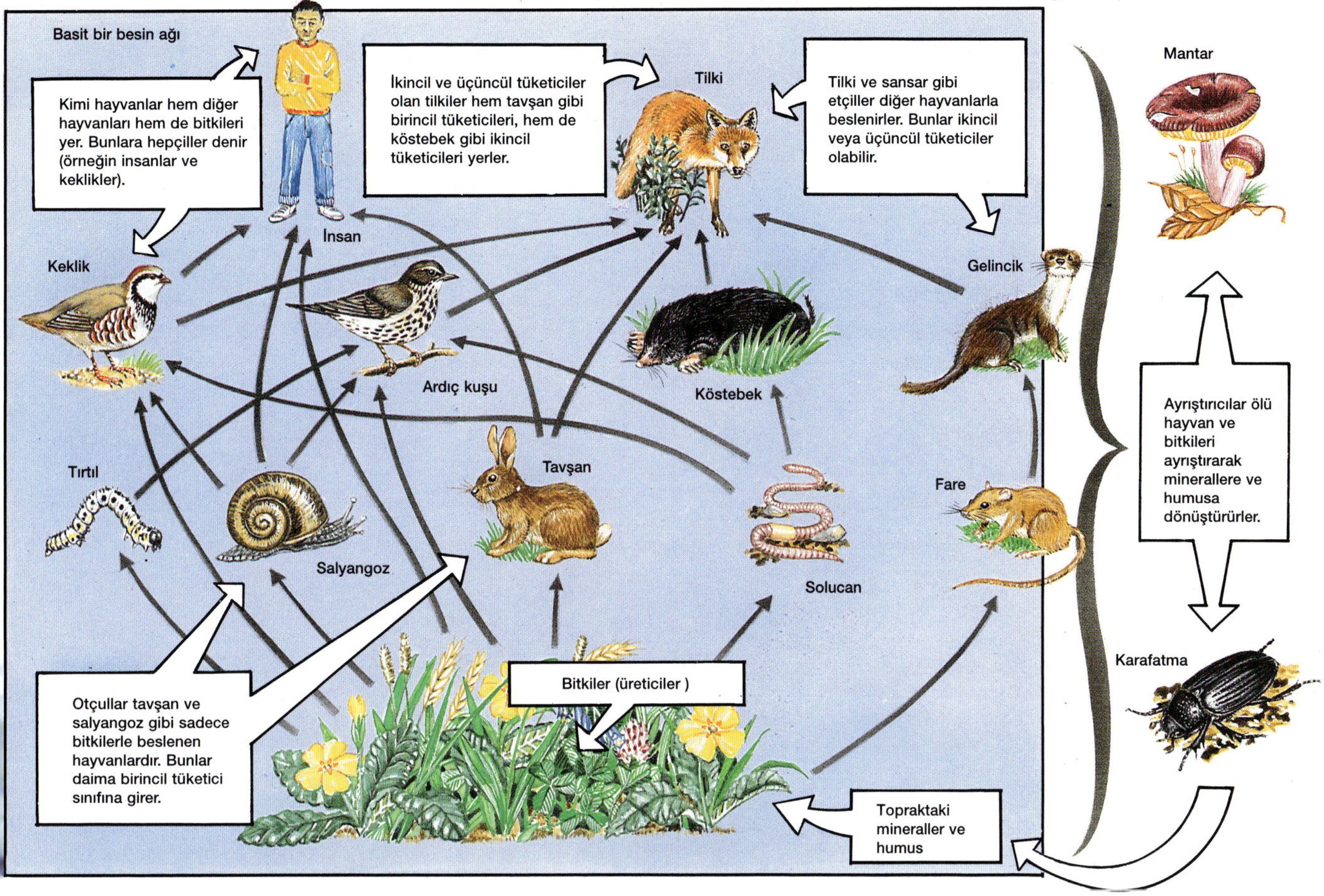

Bir besin ağı yapalım

Bir besin ağının ne kadar karmaşık olabileceğini görmek için şunu yapabilirsiniz: Eski dergilerden hayvan ve bitki resimleri kesin ve büyük bir kartona yapıştırın (resimleri kitaplara bakarak kendiniz de çizebilirsiniz). Daha sonra her hayvan ile yediği besinlerin resimlerini okla birleştirin. Böylece ortaya bir besin ağı çıkmış olacaktır. Kendi yaşadığınız bölge, Afrika'da bir otlak ya da Amazon yağmur ormanları gibi farklı ekosistemler için ayrı ayrı besin ağları yapmayı deneyin. Ne kadar çok resim bulabilirseniz o kadar karmaşık bir besin ağınız olur.

Beslenme düzeyleri (trofik düzeyler)

Beslenme düzeyleri, bir besin ağının içerdiği çeşitli düzeyleri enerji açısından incelemenin bir yoludur. Besin zincirindeki her düzeyde, besinin bir bölümü enerji için kullanılır, geri kalanı ise depolanır. Yani, en alt düzeydeki belli bir miktar besine karşılık, düzey yükseldikçe her aşamada besinin bir bölümü tüketilir ve böylece enerji için kullanılacak miktar giderek azalır. Bu yüzden de aynı miktardaki besin, her düzeyde gittikçe daha az sayıda hayvanı besleyebilir.

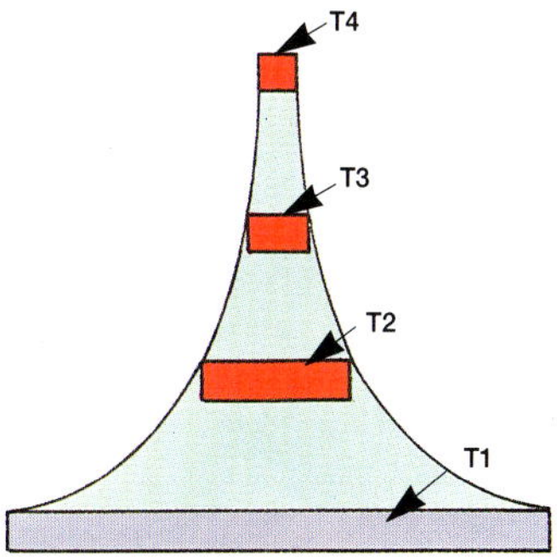

Okyanuslar

Okyanuslar gezegenimizin yüzeyinin % 70'inden fazlasını kaplayan çok büyük bir ekosistem oluştururlar. Okyanus ekosistemi içinde, her birinin kendi çevresi ve çeşitli yaşam biçimleri bulunan çok sayıda daha küçük ekosistem yer alır. Bu dev boyutlu ekosisteme ilişkin çok az bilgimiz olmakla birlikte okyanusların çok zengin doğal kaynaklar içerdiğini biliyoruz. Konuya gereken ölçüde önem verilir ve işbirliği yapılırsa okyanusların sınırsız besin, mineral ve enerji kaynaklarından tüm insanlık yararlanabilecektir.

Yerkürenin bu iki görüntüsü okyanus ekosisteminin boyutlarını daha iyi anlamanıza yardımcı olabilir.

Su altındaki yaşam alanları

Okyanusun içinde de karadaki kadar değişken görüntüler ve sayısız yaşam alanı ile çok çeşitli canlı toplulukları vardır. Geniş kumluk alanlar, yüksek dağlar ve zengin hayvan ve bitki toplulukları barındıran bölgeler bulunur. Okyanusların en çarpıcı görüntüleri ise tropik mercan kayalıklarıdır. Okyanuslar genelinde oldukça az bir yer tutmalarına karşın, mercan kayalıkları tüm balık türlerinin üçte birini barındırır.

Okyanuslardaki besin zinciri

Okyanus ekosistemi çok büyük ve karmaşık bir besin ağına sahiptir (bkz. 9. sayfa). Okyanuslar tek hücreli mikroskobik canlılardan dev balinalara kadar sayısız bitki ve hayvan türü barındırır.

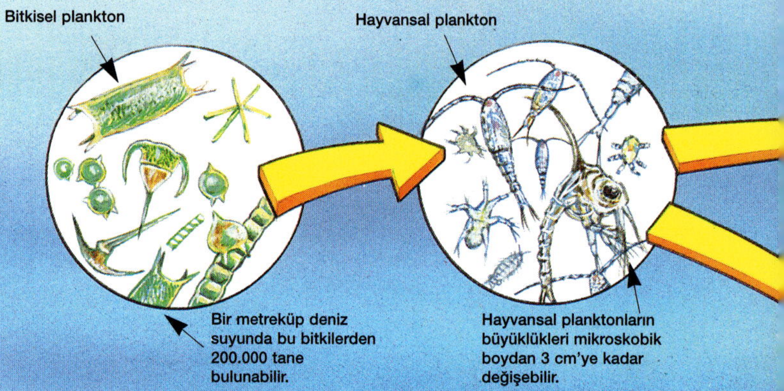

Okyanuslardaki bitki ve hayvan türlerinin hemen hemen tümü, güneş ışınlarının erişebildiği ilk yüz metrelik derinlikte yaşar. Okyanusların üreticileri olan **bitkisel planktonlar,** fotosentez işlevini gerçekleştirmek için güneş ışığına gereksinim duyduklarından yüzeye çok yakın yerlerde bulunurlar. Karadaki yeşil bitkiler gibi bitkisel planktonlar da okyanuslardaki yaşamın temelini oluştururlar.

Bu mikroskobik bitkiler, güneş ışığından sağladıkları enerjiyi kullanarak deniz suyu ile karbon dioksiti birleştirir ve tüm besin ağlarının temel öğesi olan karbonhidratların yanı sıra dünyanın tüm oksijen varlığının % 70'ini üretirler. **Hayvansal plankton** adını verdiğimiz çok küçük hayvancıklar bitkisel planktonları yer ve kendileri de küçük balıklara yem olurlar. Okyanuslardaki besin zinciri böylece sürüp gider.

Avustralya'nın kuzeydoğu kıyısı boyunca uzanan Büyük Mercan Kayalığı dünyanın doğal harikalarından biridir. Genişliği 170 metreyi bulan, uzunluğu ise tam 2100 kilometre olan bu kayalık 3000'den fazla hayvan türünü barındırır.

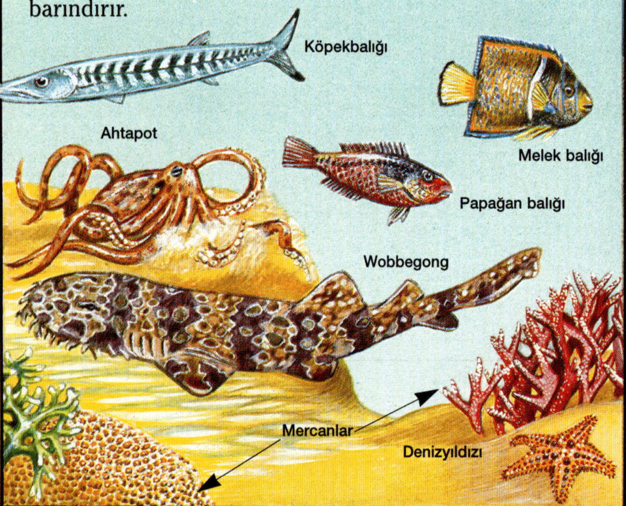

Planktonları inceleyelim

Fırsat bulursanız birkaç damla deniz suyunu mikroskop altında inceleyin. Bu deney için bir göl ya da dereden aldığınız suyu da kullanabilirsiniz (tatlısuda da planktonlar vardır). Göreceğiniz canlılar sizi şaşırtacaktır. Mikroskobunuzda resimdekilere benzer planktonlar var mı?

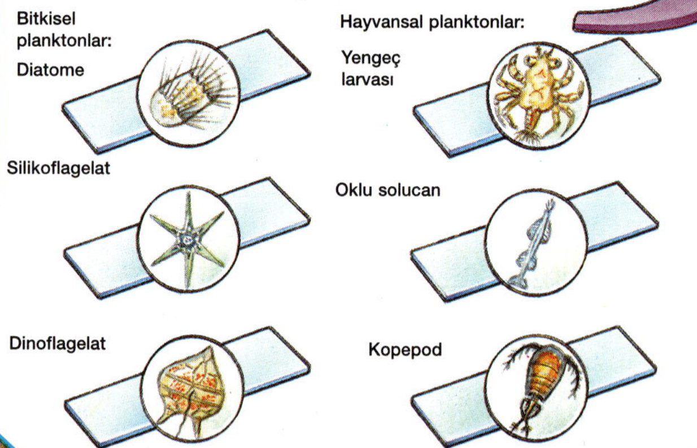

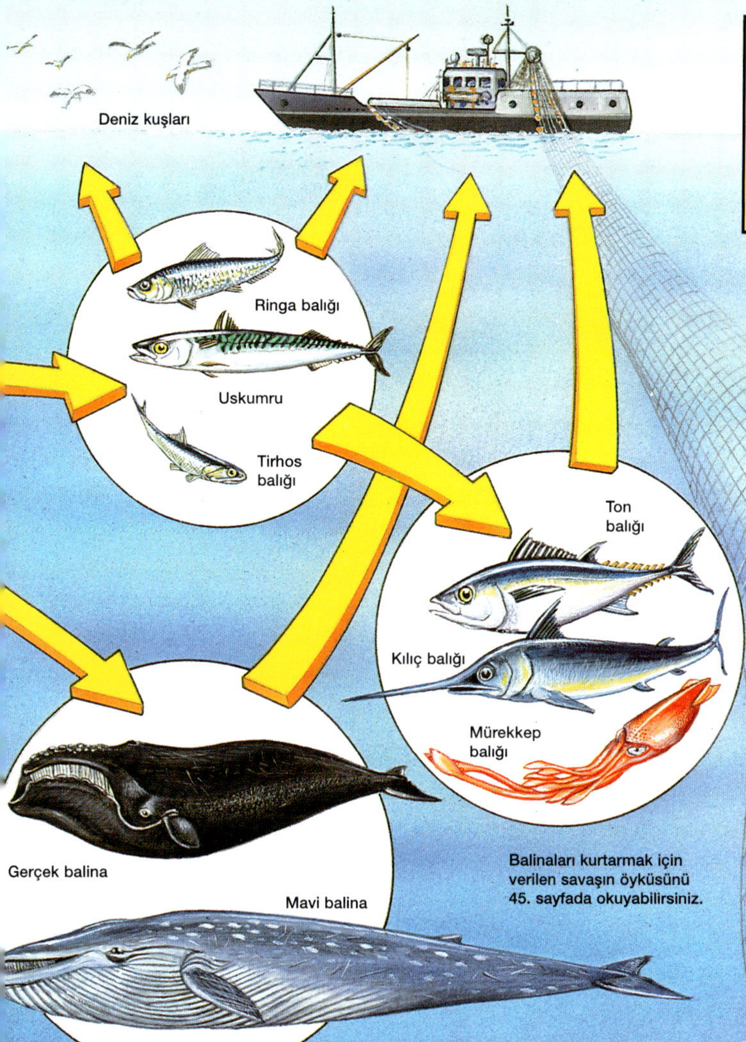

Balinaları kurtarmak için verilen savaşın öyküsünü 45. sayfada okuyabilirsiniz.

Okyanuslarda yaşayan çok büyük yaratıkların bazıları çok küçük canlıları yer. Örneğin boyu 30 metreyi bulan mavi balina sadece hayvansal planktonla beslenir.

Ölü maddeler denizin dibine çöker ve orada yengeç ve deniz şakayığı gibi dipte yaşayan canlılar tarafından yenir ya da çürüyerek minerallere dönüşürler. Minerallerin bir bölümü yeni kayalar oluştururken diğerleri de akıntılarla sürüklenir ve deniz bitkileri için besin olur.

Okyanusların ortalama derinliği 3700 m olmakla birlikte bazı yerlerde çok daha derin çukurlar bulunur. Ancak en derin ve karanlık yerlerde bile yaşam vardır. Buralardaki ilginç ve şaşırtıcı güzellikteki canlılar, ışıksız bir ortama uyum sağlayacak biçimde gelişmişlerdir.

Kendi ışığını üreten fener balığı bu yolla yakınına çektiği küçük balıklarla beslenir.

Okyanuslar gezegenimizin su çevriminde çok önemli bir rol oynarlar. Okyanus yüzeyinin çok geniş oluşu büyük ölçüde buharlaşmaya yol açar. Buharlaşan su yoğunlaşarak bulutları oluşturur (su çevrimi ile ilgili olarak 12. sayfada daha ayrıntılı bilgi verilmiştir).

Balıkçılık

Denizler binlerce yıldan beri insanlar için değerli bir besin kaynağı olmuştur. Balıkçılık gezegenimizin giderek artan nüfusunun beslenmesine bugün de önemli ölçüde katkıda bulunmaktadır.

Balık ağırlıklı beslenme

Sık sık balık yiyor musunuz? İçerdiği yüksek protein ve düşük yağ oranı ile balık çok sağlıklı bir besin maddesidir. Yaşadığınız yerde ne tür balıkların bulunduğunu ve nereden geldiklerini öğrenin. Son zamanlarda balık daha pahalı ya da daha az bulunur hale geldi mi?

Büyük ve çağdaş donanımlı balıkçılık filoları ile yapılan balık avı geleneksel yöntemlerle avlanan balıkçıların geçimini tehlikeye düşürmektedir. Bu filolar birçok balık türünün giderek yok olmasına neden olmaktadır. Denizlerin zenginliğinin korunması yolunda uluslararası alanda işbirliği yapılması zorunludur.

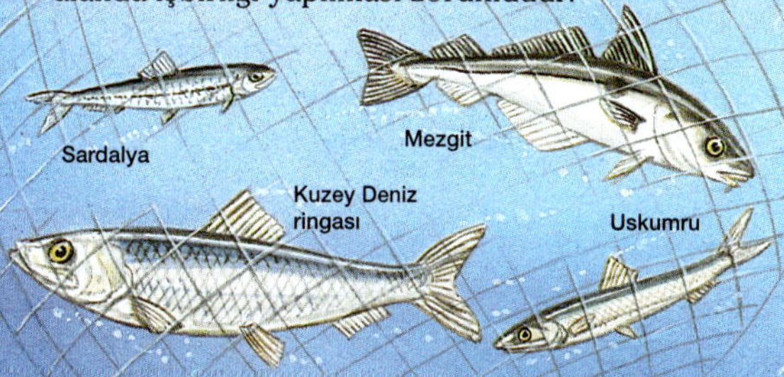

Bu balık türleri aşırı avlanma sonucu giderek yok olmaktadır.

Kirlenme

Günümüzde okyanus ekosistemini tehdit eden diğer bir tehlike de kirlenmedir. Kirlenmenin % 80'inden fazlası kanalizasyon ve endüstri atıkları gibi kaynağı karada olan etkinliklerden doğmaktadır. Akdeniz ve Kuzey Denizi gibi kapalı denizlerdeki kirlenme oranı doğal yaşamı ve insan sağlığını tehdit eder boyutlara erişmiştir. Tüm insanlığı ilgilendiren bu sorunun çözümlenmesi yolunda gerekli önlemlerin alınmasına başlanmışsa da istenen sonuca varılması kolay olmayacaktır.

Denize atılmış, tehlikeli radyoaktif atıklarla dolu bir varil

Doğadaki çevrimler

Tüm canlılar dünyanın yüzeyinde ya da yüzeye çok yakın ince bir toprak katmanında yaşarlar ve güneş enerjisinin dışındaki gereksinimlerini bu katmanın içerdiği kaynaklardan karşılarlar. Eğer yaşamın sürmesi için gerekli olan su, oksijen ve diğer maddeler sadece bir tek kez kullanılsaydı şimdiye kadar hepsi çoktan tükenmiş olurdu.

Doğanın tüm işlevlerinin çevrimler halinde düzenlenmiş olması bu işlevlerin sonsuza dek yinelenmesini sağlamaktadır. Hava, su, toprak, bitkiler ve hayvanlar arasında sürekli bir alışveriş olması yeryüzünün tüm zenginliklerinin tekrar tekrar kullanılabilmesine ve böylelikle yaşamın sürmesine olanak verir.

En önemli öğelerden biri olan oksijen atmosferde serbest olarak % 21 oranında bulunan bir gazdır. Oksijen ayrıca su ve karbon çevrimlerinin de ayrılmaz bir parçasını oluşturur. Karbon ve azot yaşamsal önem taşıyan elementlerdir. Yaşamın sürmesi için gerekli olan diğer maddeler arasında fosfor, kükürt ve kalsiyum gibi mineraller ile daha az miktarlarda olmak üzere demir ve çinko gibi elementler yer alır. Bunlar yeryüzündeki tüm canlıların yaşamak ve gelişmek için gereksinim duydukları enerjiyi sağlarlar ve hücrelerin sürekli olarak yenilenmesine hizmet ederler.

Su çevrimi

En önemli yaşam kaynağı sudur. Tüm canlıların % 75'i sudan oluşur. Denizler, karalar ve hava arasındaki su alışverişi, yeryüzünde yaşamın var olmasını sağlayan koşulları sürekli kılar.

Kendi su çevriminizi yapmayı deneyin

Büyükçe bir cam kâse, bir naylon parçası ve küçük bir kap kullanarak kendi küçük su çevriminizi yapabilirsiniz. İçine biraz su koyduğunuz ve üstünü naylonla kapattığınız kâseyi bir süre güneşte bırakın. Buharlaşan su daha soğuk olan naylona değince suya dönüşecek ve küçük kabın içinde toplanacaktır.

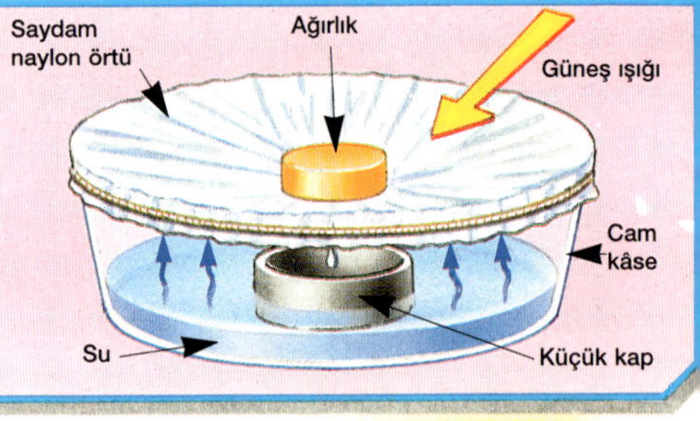

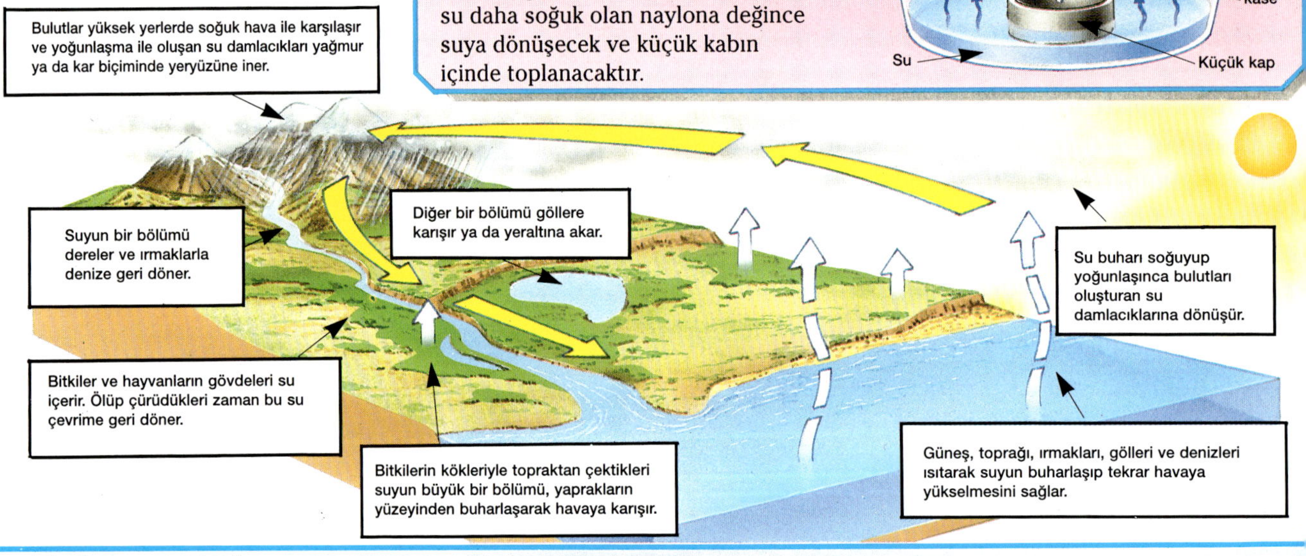

Karbon çevrimi

Karbon elementi toprak, atmosfer ve canlılar arasında çeşitli biçimler alarak dolaşır.

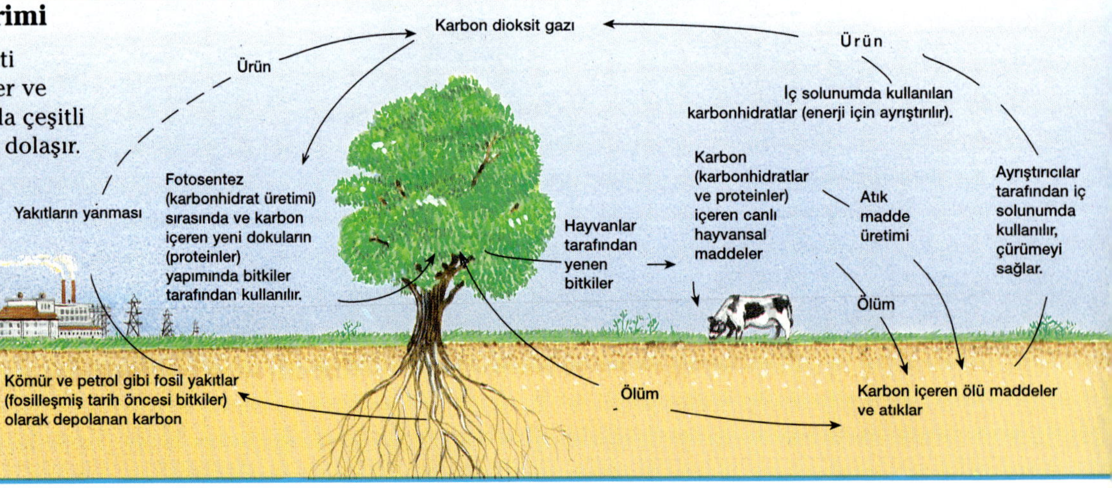

Sera etkisi

Atmosferdeki karbon dioksit, sera etkisi adı verilen bir yolla güneş ısısını tutarak yeryüzünün ısınmasında önemli bir rol oynar. Endüstrileşme sonucu fosil yakıt kullanımının artması, atmosferdeki karbon dioksit oranını çok yükseltmiştir. Dünya çapında sıcaklık artışının gelecekte dünyamızı nasıl etkileyeceği kesin olarak bilinmemekle birlikte, uzmanlar artışın sürmesi durumunda kutuplardaki buz kütlelerinin erimesi sonucu denizlerin yükselerek kıyıları sular altında bırakacağını, buna bağlı olarak da tüm dünya ikliminde ve tarımda önemli değişikliklerin ortaya çıkacağını ileri sürmektedirler.

Karbon dioksit düzeyinin daha da yükselmesi, ancak yenilenebilir enerji kaynaklarına yönelinmesi ve enerjinin daha etkin biçimde kullanılması ile önlenebilir (bkz. 33. sayfa).

Azot çevrimi

Tüm canlıların büyümek için gerekli olan proteinleri üretebilmek üzere azota (nitrojen) gereksinimleri vardır. Azot oldukça karmaşık bir yoldan sağlanır. Soluduğumuz havanın yaklaşık olarak % 78'ini oluşturmasına karşın canlılar tarafından gaz biçimiyle kullanılamayan azotun önce nitritlere daha sonra da nitratlara dönüşmesi gereklidir.

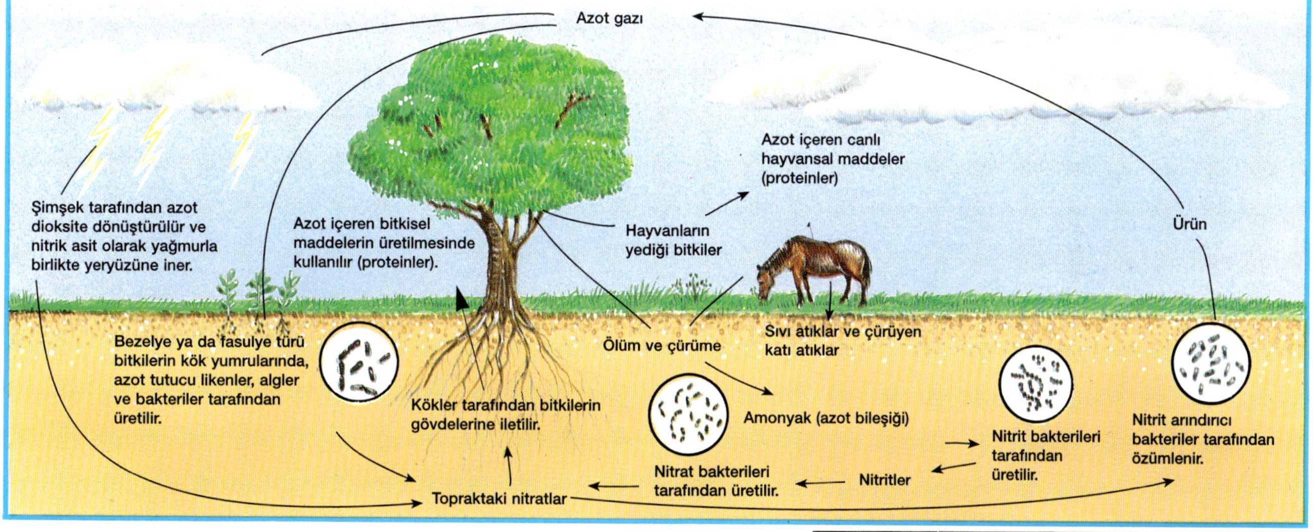

Mineral çevrimi

Mineralleri dünyamızın kendisi ya yüzeyden ya da yanardağların patlaması sonucu yeryüzünün derinliklerinden üretir.

Fosfor ve demir başta olmak üzere, minerallerin çoğu hayvan ve bitkilerin yaşamsal işlevleri için gereklidir.

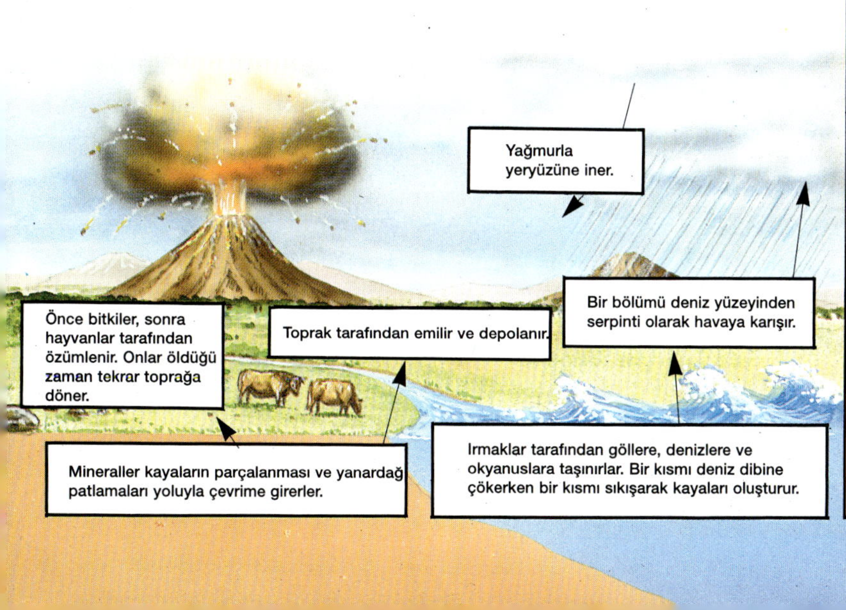

Doğal denge

Doğadaki çevrimler genellikle hep aynı düzen içinde sürüp giderler. Arada ortaya çıkan değişmeler de belli sınırlar içinde kaldığından önemli bir fark yaratmazlar ve yaşam devam eder. Ancak insanların çeşitli etkinlikleri zaman içinde çevreyi değiştirmekte ve doğal çevrimlerin bozulmasına neden olmaktadır. Doğadaki kusursuz dengenin altüst edilmesinin yol açabileceği sonuçlar ürkütücüdür.

Çevrimlerin bozulması

Doğal çevrimler ancak atık maddelerin bulunmadığı, doğal bir dünyada bir denge oluşturabilirler. Böyle bir dünyada her şey doğal yollarla ayrıştırılır ve tekrar tekrar kullanılabilir.

Oysa günümüzde insanlar zararlı atıklar üreterek ve çevreyi kirleterek doğanın dengesini bozmaktadırlar. Çevre kirliliği bireysel, ulusal ve küresel olmak üzere üç ayrı düzeyde gerçekleşir.

Kirlenme

Çevre kirlenmesi, insanların topluluklar halinde yaşamaya başlamasıyla ortaya çıkmıştır. Bu kavram, insanların ürettiği, doğa tarafından ayrıştırılamayan ve bu nedenle doğal çevrimlere geri dönmeyen her şeyi kapsar. Çevrimlerin, herhangi bir doğal maddenin gereğinden çok veya az üretimi ile bozulması ve bunun sonucunda doğal dengenin değişmesi de kirlenmenin diğer bir tanımıdır.

Bazı kirlilik biçimleri sadece görüntü bakımından kötüdür ama kimyasal ve nükleer atıklar gibi diğer kirlenmeler ölümcüldür. Dünya nüfusunun daha az olduğu ve endüstrileşmenin bu boyutlara erişmediği devirlerde, kirlenme önemli sonuçlar doğurmuyordu. Bugün ise durum çok farklıdır.

Çöplerin geri dönüşümlü hale getirilmesi

Doğanın tersine, insanlar çok büyük ölçülerde çöp üretmektedir. Endüstrileşmiş bir ülkede yaşayan dört kişilik bir ailenin bir yıl boyunca ürettiği çöpün ağırlığı bir tonun üstündedir ve bunun çok büyük bir bölümü eninde sonunda toprağa karışır. Bunun ne kadarı gerçekten çöptür?

1. Aşama

Evinizdeki çöp kovasının içinde neler olduğunu inceleyin (bu araştırmayı evin dışında ve bir gazetenin üzerinde yapın). Önce çöpün tümünü tartın, sonra da çöpü cam, yemek artıkları, plastik, kumaş parçaları, kâğıt, metal gibi farklı gruplara ayırın.

Bunu yapmadan önce büyüklerinizden izin (veya yardım) isteyin.

2. Aşama

Şimdi de çöpünüzün ne kadarının doğal çevrimlere geri dönebilecek ya da tekrar kullanılabilecek maddelerden oluştuğunu saptayın. Bu amaçla aşağıdaki önerileri izleyebileceğiniz gibi daha fazla bilgi için yerel çevreci kuruluşlara da başvurabilirsiniz (bkz. 44-45. sayfalar).

Cam: Çevrenizde şişe ve kavanozların atılması için belli yerlere cam kumbaraları yerleştiren kuruluşlar olabilir. Böyle bir olanak bulamazsanız boş şişe ve kavanozlardan çeşitli biçimlerde yararlanabilirsiniz (örneğin vazo olarak ya da içlerine birşeyler koymak için).

Şişelerin atılması için konulan cam kumbaraları

Kâğıt: Bazı kuruluşlar tekrar kullanım için eski gazeteleri alabilirler. Çevrenizde böyle bir yer varsa (örneğin bir huzurevi) yöneticileri ile konuşun ve onlara bu konuda yardımcı olabileceğinizi söyleyin. Eski gazeteleri kendiniz de tekrar kullanılabilir hale getirebilirsiniz (bkz. 42-43. sayfalar).

İçecek kutuları: Bunlar yıkanıp düzleştirildikten sonra bir geri dönüşüm merkezine götürülebilirler. Bu tür yerler getirdiklerinizin karşılığında para ödeyebilirler. Açık hava konserleri ve fuar alanlarında bunlardan çok sayıda bulabilirsiniz.

İçecek kutularının sadece aluminyum olanları tekrar kullanım için işlenebilir. Bunu anlamak için bir mıknatıstan yararlanabilirsiniz.

Organik atıklar: Çürüyebilen her şey organik atıktır. Bunlar organik gübre olarak kullanılabilir (bkz. 38. sayfa).

3. Aşama

Geri kalanların (plastik ve kimyasal maddeler gibi) tekrar kullanım için işlenmesi şimdilik olanaksızdır. Bunları tartın –çok fazla çıkmadıysa sevinebilirsiniz. Evinizde çöpe atılan maddeleri azaltmaya çalışın. Örneğin ambalaj aşamasında daha az malzeme kullanılmış ürünleri satın almaları ya da alışveriş için hep aynı poşet ve çantaları kullanmaları konusunda büyüklerinizi uyarın.

Asit yağmuru

Günümüzde insanların yol açtığı çevre kirliliğinin en kötü sonuçlarından biri de asit yağmurudur. Bu olgu, fosil yakıt atıklarının doğal su çevrimine karışması ile ortaya çıkar. Asit yağmurunun etkileri arasında yok olan ormanlar, içlerinde hiçbir canlının yaşamadığı göller, zarar gören yapılar ve sağlıklarını yitiren insanlar vardır. Asit yağmuruna karşı, elektrik üreten santralların bacalarına filtre takılması ve araçların egzoz borularında katalitik dönüştürücüler kullanılması gibi önlemler alınabilir. Bazı ülkelerin bu tür uygulamaları başlatmış olmalarına karşılık diğerleri konunun yaşamsal önem taşıdığını kavramaktan uzak görünüyorlar.

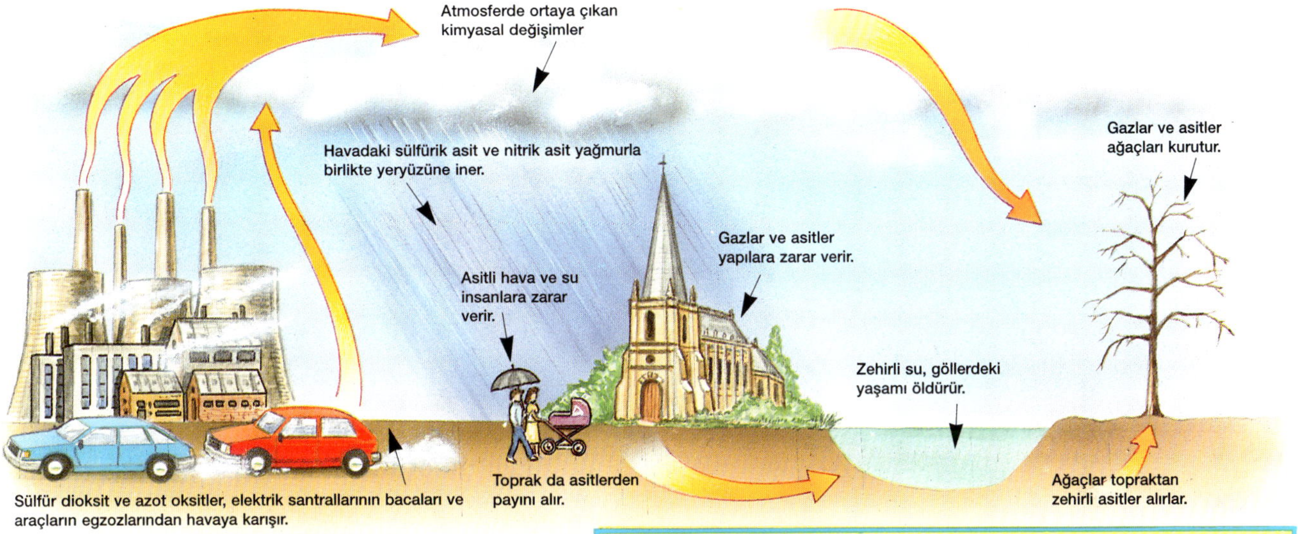

Kimyasal gübreler

Günümüzde toprağın yoğun biçimde işlenmekte oluşu doğal azot ve mineral çevrimlerinin gerçekleşmesine olanak vermemektedir. Doğal organik atıkların yetersiz miktarda oluşu, topraktaki mineral ve humus oranının düşmesine ve buna bağlı olarak ürünün azalmasına yol açar. Çiftçilerin bu duruma karşı önlem olarak kullandıkları kimyasal gübreler ise akarsu ve göllere (zamanla da içme sularına) karışarak gerek çevrenin, gerekse insanların sağlığına zarar vermektedir.

ABD'nin Montana eyaletindeki yoğun tarım etkinlikleri

Bitki zararlıları, yabani otlar ve bitki hastalıklarına karşı kullanılan güçlü kimyasal maddeler de insan ve çevre sağlığına zarar verecek niteliktedir. Bunlar kullanıldıkları yerlerdeki besin ağları üzerinde uzun süreli olumsuz etkiler yaratırlar. Bitkilerin yenilen kısımları üzerinden kolaylıkla temizlenemeyen bu tarım ilaçları, insan sağlığı için çok zararlıdır.

Organik tarım

Yakıt sıkıntısı, artan harcamalar ve çevreye verilen zarar gibi olumsuzluklar göz önüne alınırsa yoğun tarımın uzun dönemdeki geleceğinin çok parlak olmadığı söylenebilir. Doğanın çevrimleri ile uyum sağlayan daha doğal tarım yöntemlerine geri dönmemiz doğru olacaktır. Ekolojik ilkelere dayanan bu yöntemlerle yapılan tarıma organik tarım adı verilir.

Nöbetleşe ekim ve doğal gübre kullanımı gibi organik tarım yöntemleri günümüzde başarı ile uygulanmaktadır. Bu yöntemler, hem organik atıkların büyük bir bölümünün toprağa geri dönmesini ve topraktaki mineral ve humus düzeylerinin yükselmesini, hem de doğal çevrimlerin gerektiği gibi işlemesini sağlamakta ve böylelikle çevreye zarar vermek yerine katkıda bulunmaktadır.

Nöbetleşe ekim: Bazı ürün türleri topraktaki azotu tüketirken fasulye ve bezelye gibi bitkiler eksilen azotu tamamlama özelliğine sahiptir (bkz. 13. sayfa). Bu nedenle aynı tarlaya nöbetleşe olarak her yıl farklı bir ürünün ekilmesi, doğal çevrimlere yardımcı olarak toprağın verimini artırır.

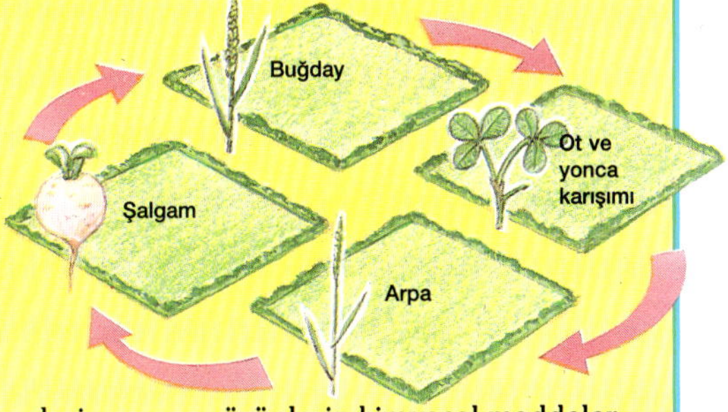

Ekologlar, bu yöntemlerin yaygın biçimde kullanılmasından yanadır. Artık pek çok kişi, bu yöntemlerle elde edilen ürünlerin kimyasal maddeler içermediğini ve çevreye zarar vermeden üretildiğini bilerek sadece “organik” besinleri tercih etmektedir.

Uyum sağlama

Tüm canlılar yaşamlarını sürdürebilmek için çevreye uyum sağlamak zorundadır. Çok uzun bir süre boyunca çevreyle etkileşim içinde yaşamanın sonucu olan bu uyum, canlıların dünyanın her yerine dağılabilmesini sağlamıştır. Çevreye uyum sağlama, görünüş ve davranış değişimlerini de kapsar.

Sıcak çöller

Çevreye uyum sağlamanın en iyi örneklerini, çok güç çevre koşullarının egemen olduğu, uçsuz bucaksız bölgeler olan çöllerde görebiliriz. Buralarda yaşayan bitkiler ve hayvanlar sıcak ve kurak çöl ikliminde yaşamlarını sürdürebilmek için çeşitli olanaklara sahiptir –örneğin çöl canlılarının büyük bir bölümü gövdelerinde su ve besin depolayabilmelerini ya da vücut ısılarını dengede tutabilmelerini sağlayan yapısal değişimler geçirmişlerdir.
Avustralya'nın iç bölgesi, Büyük Sahra'dan sonra dünyanın ikinci büyük çölüdür. Burada iklim koşulları ve kayaların yapısal özelliklerine göre değişen çeşitli çöl tipleri görülür.

Bölgenin yerli halkı olan Avustralya Yerlileri binlerce yıl boyunca hem otlaklarda hem de çölde yaşayabilmelerine olanak veren bir yaşam biçimi geliştirmişlerdir. Avustralya Yerlilerinden oluşan bazı gruplar yakın bir geçmişe kadar geleneksel yöntemlerle avcılık ve toplayıcılık yaparak bu iç bölgelerde yaşıyorlardı.

Avustralya'da bir çöl

Mulga ağaçlarında yaprak yerine, buharlaşma yoluyla su kaybını en aza indiren, genişlemiş yaprak sapları bulunur.

Keseli çöl fareleri günün sıcak saatlerini toprağın altındaki yuvalarında geçirir ve karınlarını doyurmak için sadece geceleri dışarı çıkarlar. Bu hayvanların kuyruklarında, yiyecek bulamadıkları zaman açlıktan ölmemelerini sağlayan yağ depoları vardır.

Tuzçalısı adı verilen bu bitkiler çok derine giden kökleriyle yeraltında bulabildikleri her damla sudan yararlanırlar.

Sıcak çöllerdeki yaşama uyum sağlayabilen canlılara ilişkin daha birçok örnek verilebilir. Kaktüsler su kaybını önlemek için yaprak yerine dikenler geliştirmişlerdir. Kuzey Amerika'ya özgü çöl tavşanının da çok uzun kulakları vardır.

Uzun kulaklı Kuzey Amerika tavşanı

Bu uzun kulaklarda bulunan yüzeye yakın kan damarları ısı yayarak vücut ısısının yükselmesini önler.

Bir kaktüs bahçesi yapalım

Kaktüs bahçeniz için kumla karışık toprakla dolu ve üzeri çakıl taşları veya tahta parçaları ile süslenmiş, çok derin olmayan bir saksı gerekiyor. Kaktüslerinizi satın alabilir ya da kaktüs yetiştiren birinden birkaç fide alabilirsiniz. Bunun için ana bitkinin dibinden çıkan yavru kaktüsleri kırarak alın ve kurumaları için iki üç gün beklettikten sonra toprağa dikin. Bir kez tuttuktan sonra kaktüsleriniz bol güneş ışığı ister ama su ve bakım gereksinimleri çok azdır.

Bir kaktüs bahçesi

Kaktüslerin üzerine dökülen su akıp gider. Bu bitkilerin dış yüzeyi, gövdenin içindeki suyu tutar. Aynı özellik dışardan içeri su girmesini de engeller.

Çölleşme

Düşük verimli topraklar aşırı otlatma ya da ağaç kesimi gibi nedenlerle çöle dönüşebilir. Gezegenimizin yüzeyinin büyük bir bölümü bugün bu tehlikeyle karşı karşıyadır. Çölleşme sürecinin başlamış olduğu toprakların iyileştirilmesinin tarımsal üretim açısından sağlayacağı yararlar göz önüne alındığında, çölleşme sürecinin durdurulması ve toprağın verimli kılınması için gereken harcamaların çok da fazla olmadığı ortaya çıkar. Ancak bu alanda henüz yeterli önlem alınmadığı için topraklarını geleneksel yöntemlerle işlemeye çalışan küçük çiftçiler güç durumda kalmaktadır.

Sahel, Afrika: 1970'lerin başları

Kuraklık ve çölleşme zaten güç ekilebilir nitelikteki toprağı çöl haline getirmişti.

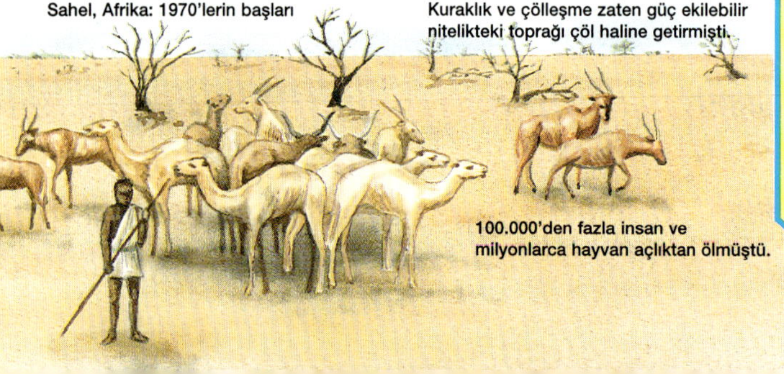

100.000'den fazla insan ve milyonlarca hayvan açlıktan ölmüştü.

Buz çölleri

Buzlarla kaplı kutup bölgelerindeki koşullar da çöllerdekiler kadar çetindir. Uçsuz bucaksız Güney ve Kuzey Kutup bölgeleri ve çevrelerindeki denizler, uzun kış ayları boyunca karlar ve buzlar altında kalır. Buna karşılık bu alanlar da yaşamdan yoksun değildir –bu olağanüstü güç koşullara bile uyum sağlamış olan canlılar vardır.

Kuzey Kutbu'nda yaz

Kısa süren yaz mevsiminde kar ve buzların büyük bir bölümünün erimesiyle, bir süre için çok çeşitli hayvan ve bitkileri barındıracak olan Kuzey Kutbu tundurası ortaya çıkar. Bitkilerin bir bölümü uzun kış aylarını toprağın altında tohum olarak geçirirken diğerleri içerdikleri bir çeşit "antifriz" sayesinde donmazlar ve yaz geldiğinde gelişip tohum verirler. Sıcak ve kurak çöllerde de yaşamın canlanıp çeşitlendiği kısa dönemler vardır. Bunlar genellikle bir yağmurdan sonra, suyun uyuyan tohumlara can vermesi ile ortaya çıkar.

Kamuflaj ve taklit

Kamuflaj bir bitki ya da hayvanın göze çarpmamak için doğal çevresinden ayırt edilemez bir görünüm almasıdır. Doğanın bazı canlılara verdiği bu yetenek, onları yırtıcı hayvanlardan koruma amacına yöneliktir. Aynı özellik, avlarını korkutup kaçırmamak için son ana kadar fark edilmemeyi başaran yırtıcı hayvanlarda da vardır. Taklit de bir tür kamuflaj tekniğidir. Bazı canlılar başka bir varlığın görünüşünü ya da davranışını taklit edecek şekilde uyum sağlamıştır.

Dil balığı deniz dibinde düşmanlarından saklanmak için mat ve kum rengindeki derisinden yararlanır.

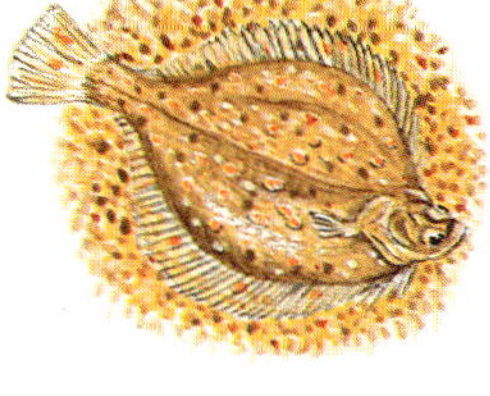

Arı orkidesinin çiçeği tıpkı bir arı görünümündedir. Eş arayan arılar bu görünüme aldanıp çiçeğe konarlar ve ayaklarına yapışan çiçek tozlarıyla bitkinin üremesini sağlarlar.

Tohumlar

Bitkiler gibi tohumlar da varlıklarını sürdürebilmek için çevreye uyum sağlarlar. Tohumlar çoğu zaman rüzgâr tarafından taşındıkları için büyük bir bölümü rüzgârda kolay taşınmalarını sağlayacak özellikler taşırlar. Bulabildiğiniz kadar çeşitli tohum toplayıp büyüklük ve biçimlerini karşılaştırın. Sonra tohumlarınızı dışarı çıkarıp havaya atın. Rüzgârla birlikte nasıl ve nereye kadar gittiklerini gözleyin.

Tohumların uyum sağlama yolları

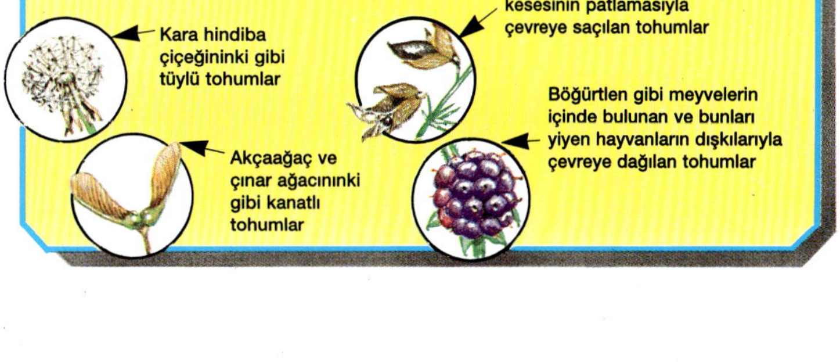

Yaprak döken ve dökmeyen ormanlar

Bu iki orman türü, tropik yağmur ormanları (bkz. 26-27. sayfalar) ile birlikte dünyanın belli başlı üç orman türünü oluşturur. Bu sayfadaki örneklerden de anlayacağınız gibi, ayrı türlerdeki ormanlarda yaşam, iklim farklılıkları nedeniyle çok değişik biçimlerde gelişmiştir.

Ormanlar ve insan

İnsanın varlığı ormanları çeşitli biçimlerde etkilemiştir. Ağaçların, kâğıt yapımı, inşaat ve mobilya endüstrileri gibi alanlarda kullanılması, ormancılığı çoğu ülkenin ekonomisi için çok önemli kılmaktaysa da bu yüzden çevrenin zarar görebileceği de unutulmamalıdır. Bu durum, özellikle bir bölgenin doğal ağaç örtüsü hızlı büyüyen, farklı türdeki plantasyon ağaçları ile değiştirildiği zaman ortaya çıkar. Bu tür davranışların doğal yaşam alanlarını yok etmesi, türlerin varlığını tehlikeye düşürmesi ve bölgenin doğal görünümünü bozması kaçınılmazdır.

İğne yapraklı ağaçlardan oluşan bir plantasyon

Tarım alanlarının ve kentlerin genişlemesi, yaprak döken ve karışık ağaçlardan oluşan eski ve büyük ormanlardan geriye fazla bir şey kalmamasına neden olmuştur. Asit yağmuru örneğindeki gibi (bkz. 15. sayfa) çevre açısından çok kötü sonuçlar doğuran insan etkinlikleri, ayakta kalabilmiş olan ormanları da tehdit etmektedir. İnsanların bir an önce tehlikenin bilincine varmaları ve çok geç olmadan gerekli önlemleri almaları zorunludur. (Ağaç dikimini öğrenmek için 40-41. sayfalara bakın.)

Yaprak dökmeyen (kozalaklı) ormanlar

Tohumları kozalaklar içinde gelişen ağaçlara kozalaklı ağaç denir. Ladin, sedir, karaçam, köknar ve fıstık çamı gibi ağaçlardan oluşan çok büyük ormanlar, yaz mevsiminin kısa sürdüğü, az yağışlı ve soğuk bölgelerde görülür (örneğin Amerika, Avrupa ve Asya kıtalarının kuzey bölümleri ile dünyanın her yerindeki dağlık bölgeler). Güneye indikçe kozalaklılar yaprak döken ağaçlarla karışık olarak görülmeye başlar.

Kozalaklı ağaçların çoğunda yaprak yerine iğneler bulunur (iğnelerin yüzeyinin küçük olması buharlaşma yoluyla su kaybını azaltır). Bu ağaçların çok büyük bir bölümü yıl boyunca yeşilliklerini korudukları için sürekli biçimde besin üretirler.

Yaz sonunda Kanada'nın kuzeyinden bir görüntü

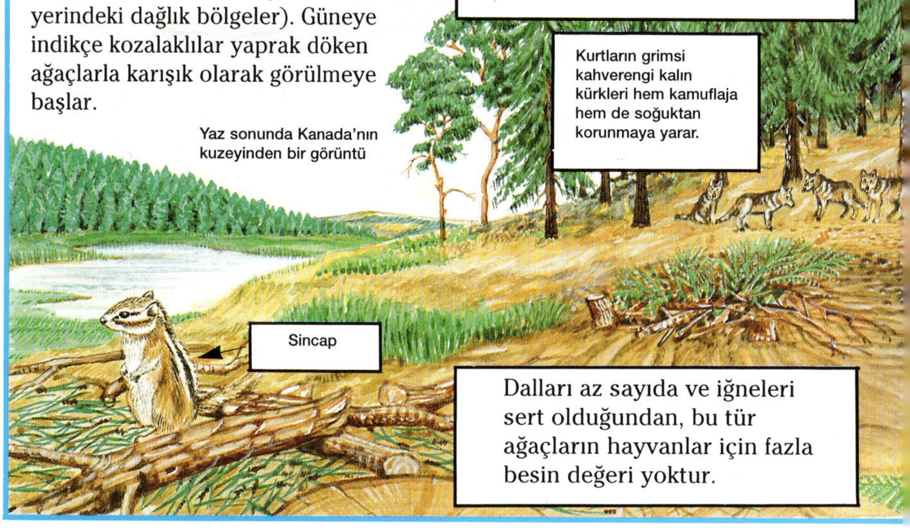

Dalları az sayıda ve iğneleri sert olduğundan, bu tür ağaçların hayvanlar için fazla besin değeri yoktur.

Yaprak döken ormanlar

Bazı ağaç türleri yılda bir kez tüm yapraklarını dökerler. Bunlar ilkbaharda çiçek açan bitkilerdir. Bu tür ağaçlardan oluşan ormanlar, ılıman iklim koşullarına sahip olan ve yıl boyunca düzenli yağış alan bölgelerde görülür.

Avrupa kıtasının çok büyük bir bölümü, Japonya, Asya kıtasının ve ABD'nin doğusu bir zamanlar meşe, kayın, akçaağaç ve dişbudak gibi ağaçlardan oluşan bu ormanlarla kaplıydı.

ABD'nin doğu bölgelerinden bir yaz görüntüsü

Yaprak döken ağaçlar büyük ve geniş yaprakları sayesinde gelişme mevsimi boyunca güneş ışığından yararlanarak fotosentez yapabilirler. Yapraklar sert rüzgârların ve soğuk havanın başlamasından önce düşer.

Her ağaç, bir canlı topluluğu için barınak ve besin kaynağıdır. Zengin toprak ve bol güneş ışığı çok çeşitli bitkilerin yetişmesini sağlar. Bu bitkiler de hayvan topluluklarının gelişmesine yardımcı olur.

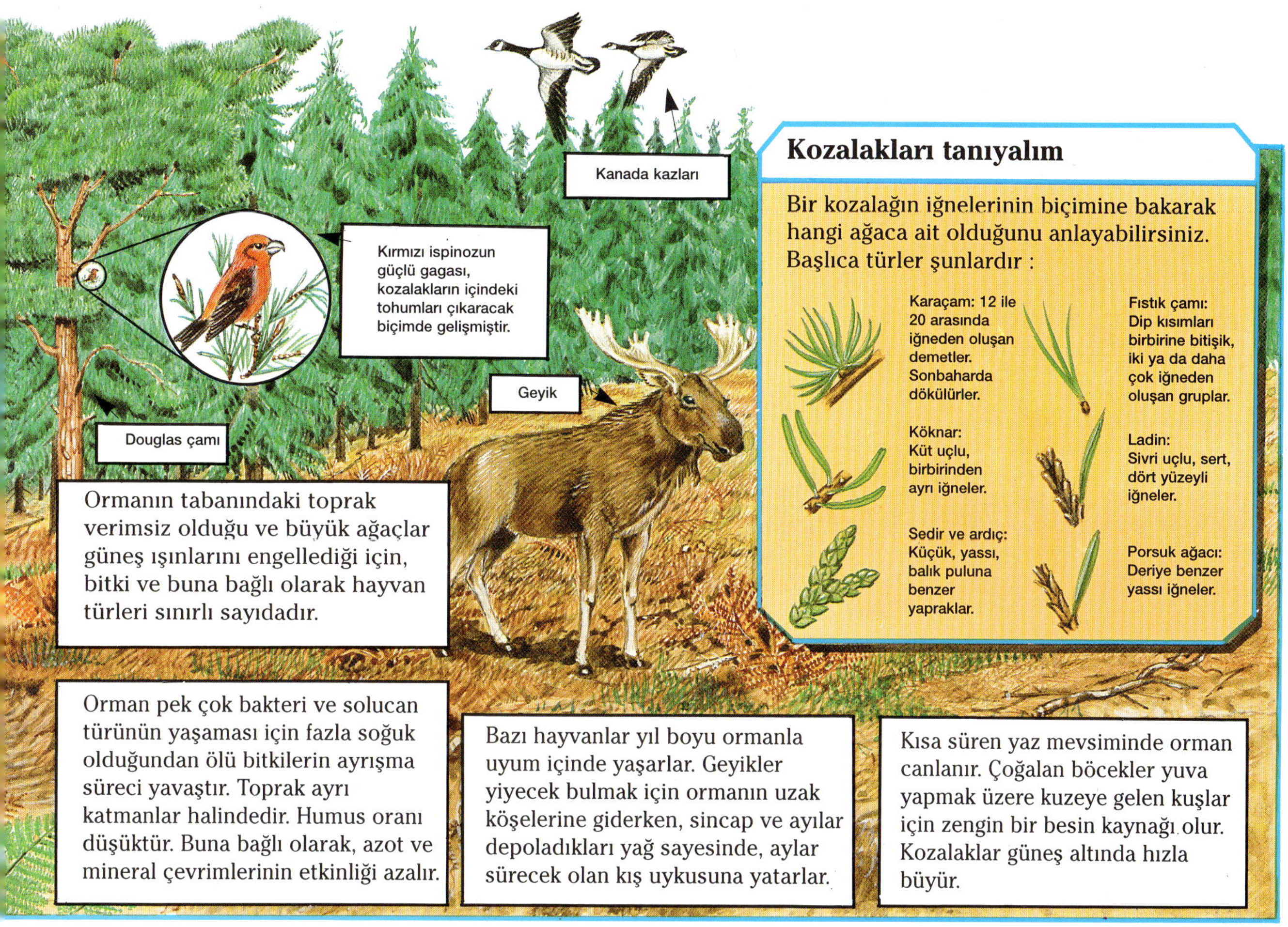

Kozalakları tanıyalım

Bir kozalağın iğnelerinin biçimine bakarak hangi ağaca ait olduğunu anlayabilirsiniz. Başlıca türler şunlardır :

Karaçam: 12 ile 20 arasında iğneden oluşan demetler. Sonbaharda dökülürler.

Fıstık çamı: Dip kısımları birbirine bitişik, iki ya da daha çok iğneden oluşan gruplar.

Köknar: Küt uçlu, birbirinden ayrı iğneler.

Ladin: Sivri uçlu, sert, dört yüzeyli iğneler.

Sedir ve ardıç: Küçük, yassı, balık puluna benzer yapraklar.

Porsuk ağacı: Deriye benzer yassı iğneler.

Ormanın tabanındaki toprak verimsiz olduğu ve büyük ağaçlar güneş ışınlarını engellediği için, bitki ve buna bağlı olarak hayvan türleri sınırlı sayıdadır.

Orman pek çok bakteri ve solucan türünün yaşaması için fazla soğuk olduğundan ölü bitkilerin ayrışma süreci yavaştır. Toprak ayrı katmanlar halindedir. Humus oranı düşüktür. Buna bağlı olarak, azot ve mineral çevrimlerinin etkinliği azalır.

Bazı hayvanlar yıl boyu ormanla uyum içinde yaşarlar. Geyikler yiyecek bulmak için ormanın uzak köşelerine giderken, sincap ve ayılar depoladıkları yağ sayesinde, aylar sürecek olan kış uykusuna yatarlar.

Kısa süren yaz mevsiminde orman canlanır. Çoğalan böcekler yuva yapmak üzere kuzeye gelen kuşlar için zengin bir besin kaynağı olur. Kozalaklar güneş altında hızla büyür.

Bir ağacın boyu nasıl ölçülür?

İnce bir kâğıt şeridi ağacın gövdesine kendi boyunuz hizasında topluiğne ile tutturun ve yüksekliğini ölçün. Cetveli kol mesafesinde tutarak, kâğıt şerit cetvel üzerinde üç santime gelene kadar geri gidin. Ağacın tepesinin cetvelin neresine geldiğine bakın ve bu sayıyı üçe bölüp çıkanı kendi boyunuzla çarpın (örnek: 21 cm bölü 3 çarpı 150 cm = 1050 cm ya da 10,5 m).

Doğru uzaklığa geldiğiniz noktadan görünüş

Ağacın tepesinin cetvel üzerinde geldiği yer

Büyük cetvel

Ağaçtaki işaret cetvel üzerinde 3 cm'e geliyor.

Cetveldeki 0 sayısı, ağacın alt çizgisi ile aynı hizada olmalıdır.

Dökülen yapraklar ve bol miktarda ayrıştırıcı, humus, nitrat ve mineral bakımından zengin bir toprak oluşturur.

Yaprak döken ormanlar dökmeyenlere kıyasla kışın daha canlı olur. Yine de, ilkbahar ve yazın sıcak, güneşli günlerinde orman yaşamı çok daha hareketlidir. Bitkiler, böcekler, kuşlar ve memeli hayvanlar çoğalır ve ormanı doldururlar.

Güney Avrupa, ABD'nin güneybatısı, Avustralya, Yeni Zelanda ve Güney Amerika kıtasının güneyinde yetişen yaprak döken ağaç türlerinin çoğu, kozalaklı ağaçlara özgü özellikler geliştirerek bu bölgelerin çok sıcak ve kurak iklimine uyum sağlamıştır. Yıl boyunca yeşil kalan bu ağaçların küçülmüş ve kalınlaşmış olan yaprakları su kaybını en aza indirger.

Doğadaki ilişkiler

Her ne kadar doğadaki canlılar arasındaki ilişkiler çoğu zaman yemeye ve yem olmaya dayanıyorsa da canlıların ortak çıkarlar için biraraya geldiklerini gösteren örneklere de aynı ölçüde sık rastlanır. Bu işbirliği kimi zaman basit, kimi zaman da oldukça karmaşık biçimlerde kendini gösterir. Bu sayfalarda hayvanlar arasındaki dayanışmaya ilişkin ilginç örnekler bulacaksınız.

Birlikte yaşama

Çok sayıda hayvan ve bitki türü irili ufaklı gruplar halinde birlikte yaşar. Bu grupların içinde değişen düzeylerde işbirliği ve etkileşim vardır. Birlikte yaşayan aynı türden hayvanlardan oluşan küçük topluluklara sosyal grup, daha büyüklerine ise koloni adı verilir.

Aslanlar küçük sosyal gruplar halinde yaşarlar ve gruptaki dişiler yavrulara baktıkları gibi avlanma işini de üstlenirler. Buna karşılık çok sayıda başka toplulukta işler daha eşit koşullar altında yürütülür. Örneğin Afrika'ya özgü küçük bir çöl memelisi olan meerkat'ların dişi ve erkekleri yavrulara nöbetleşe bakarlar. Goril gibi büyük insansı maymunlar ise insanların toplumsal grup anlayışına benzer biçimde aileler halinde yaşarlar.

Sayıları giderek azalmakta olan bir grup dağ gorili. Bu hayvanların doğal yaşam alanı Zaire'nin yağmur ormanlarındaki dağlık bölgelerdir.

Koloniler

Koloni halinde yaşayan hayvan türleri birbirinden farklı toplumsal davranış biçimleri gösterir. Bireyler arasındaki bağımlılığın derecesi de türden türe büyük ölçüde değişir. Sümsük kuşu ve penguen gibi deniz kuşları sadece karşılıklı çıkarları için (güvenlik amacıyla) koloniler halinde yaşarlar.

Bir karabatak kolonisi

Deniz kuşu kolonileri kimi zaman çok büyük olur. Bir tarihte Peru adalarından birinde yaklaşık 5 milyon karabatağın yaşadığı saptanmıştır.

Karıncalar ve arılar gibi bazı canlılar ise çok daha karmaşık koloniler oluştururlar. Bu koloniler içinde yer alan çeşitli grupların kendine özgü görevleri vardır (yukarıda okuyacağınız "Evinizdeki karınca kolonisi" başlıklı kutuda, bunun örnekleri verilmiştir). Koloninin varlığının sürmesi, her bireyin üzerine düşeni yapmasına bağlıdır.

Evinizdeki karınca kolonisi

Evde bir karınca kolonisi barındırmak hem kolay hem de zevkli bir uğraştır. Bilimsel adı formikaryum olan bu karınca gözlemevinin nasıl yapılacağı 36. sayfada anlatılmaktadır. Böylelikle formikaryumun içinde doğal ortamlarındaki gibi çalışan karıncaları rahatsız etmeden izleyebilir ve toplumsal yaşantılarına ilişkin birçok şey öğrenebilirsiniz.

Süper organizmalar

Süper organizma terimi, bireysel organizmaların kendi kendine yeterli tek bir yapı oluşturmak için birlikte çalışmaları ve bu yolla koloni içi işbirliğinin en güçlü örneğini ortaya koymalarını anlatır.

Süper organizmalara verilebilecek en iyi örneklerden biri mercanlardır. Polip adı verilen binlerce mikroskobik canlı biraraya gelerek mercanları oluşturur. Polipler besin maddelerinin koloni içinde paylaşımını sağlayan bir tür besin ağı ile birbirlerine bağlıdır.

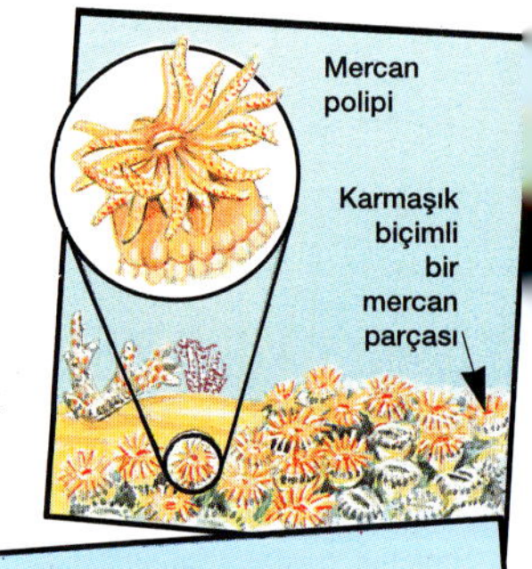

Diğer bir süper organizma örneği de Portekiz denizanasıdır. Bu canlı gerçekte bir denizanası olmayıp her birinin ayrı bir görevi olan çok sayıda polipten oluşan bir kolonidir. Bu süper organizma, kendisini oluşturan hayvanlardan daha etkin bir canlıdır.

Ortakyaşam

Ortakyaşam ya da simbiyoz terimi, farklı türlerde iki canlının fiziksel anlamda çok yakın bir ilişki içinde birlikte yaşaması ve her ikisinin de bu ortaklıktan yarar sağlamasına dayanan bir yaşam biçimini tanımlar. Ortakyaşamın en yaygın örneklerinden biri taş ve tahta yüzeyler üzerinde görülen likenlerdir. Bir likenin gövdesinin ana bölümünü oluşturan mantarın içinde alg adı verilen bir ya da daha fazla çok küçük, tekhücreli bitki yaşar. Bu canlıların her ikisinin de bu yaşam biçiminden sağladığı yarar çok büyüktür.

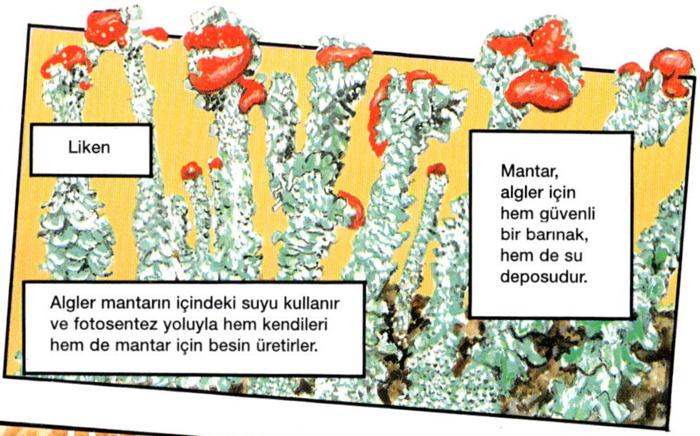

İki ortakyaşam örneği daha :

Ortakçılık

Sözlük anlamı "aynı sofradan yemek" olan ortakçılık deyimi, ortakyaşam kadar yakın olmamakla birlikte farklı türlerdeki iki canlının beslenmeye dayanan ortaklığını tanımlamakta kullanılır. Bu tür ilişkilerde genellikle ortaklardan biri diğerinin beslenme biçiminden çıkar sağlar ve karşılığında çok az şey verir. Ev fareleri ile insanlar arasındaki ilişki tipik bir ortakçılık örneğidir.

İşbirliği

Doğada yaşayan canlılar arasındaki işbirliğine verilebilecek çok çeşitli örnekler vardır. Bitkilerin üremek için arılara gereksinim duyması ve onları çekmek için balözü üretmesi örneğinde olduğu gibi, doğadaki işbirliği her iki tarafa da çıkar sağlar.

Asalaklar

Doğadaki bazı ortaklıklar ise taraflardan birine zarar veren türde olur. Asalaklar, konak adı verilen diğer bir organizmanın üzerinde ya da içinde yaşayan, onun besinini çalan ve kimi zaman zararlı olan bitki ya da hayvanlardır. Diğer yandan kendi yaşamı da aynı anda sona ereceğinden, bir asalağın kendisine konaklık eden canlının ölümüne yol açması ender görülen bir durumdur. Bitler ve pireler sık görülen asalaklardır. Bunların yanı sıra insanlarda tenya ve kancalı kurt gibi asalaklara da çok sık rastlanır. Tifüs ve sıtma gibi bazı hastalıklar da insanlara asalaklar yolu ile bulaşır.

Bitki urları

Bitki urları (gal), bazı ağaç türlerinde asalak olarak yaşayan birtakım sineklerin yumurtalarından çıkan larvaların içinde geliştikleri, ura benzer oluşumlardır. Bu asalaklar yumurtalarını ağacın yaprak ya da çiçeklerinin içine bırakırlar ve bu durumdan rahatsız olan ağaç, salgıladığı bir maddeyle yumurtaların üzerini kaplar ve gal denen bir yapı oluşur. Yumurtadan çıkan larvalar erginleşince galden dışarı çıkarak normal yaşamlarını sürdürürler. Bitki urlarını ilkbahar ve yaz aylarında özellikle meşe, kavak ve söğüt ağaçlarında görebilirsiniz. Bulabildiğiniz ağaç urlarını üzerlerinde bulundukları yapraklarla birlikte, kapağında birkaç delik açtığınız bir kavanoza koyun ve bir süre sonra sineklerin dışarı çıkışını izleyin.

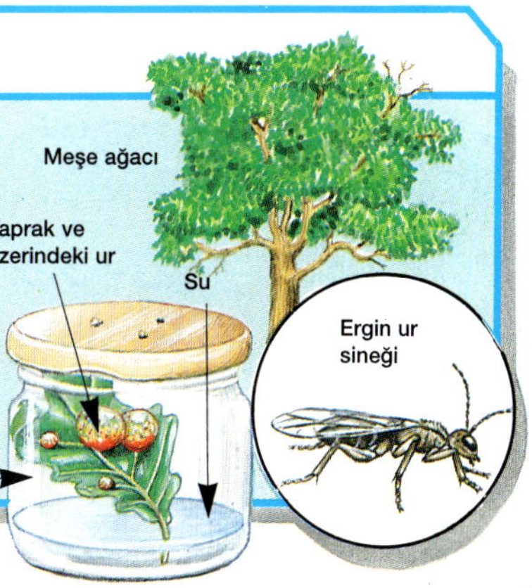

Nüfus artışı ve doğal yaşamın korunması

Doğada bitki ve hayvan nüfusları arasında çok hassas bir denge vardır ve doğa bu dengenin bozulmaması için çeşitli önlemler almıştır.
Buna karşılık uzun bir süreden beri doğanın denetiminden çıkmış bulunan insan nüfusundaki hızlı artış, bu doğal dengenin giderek bozulmasına yol açmakta ve dünyamızın geleceğini ciddi biçimde tehdit etmektedir.

Doğada nüfus artışının denetlenmesi

Doğa, rekabet ve birlikte yaşama gibi yollarla hayvan nüfusunu kısmen dengede tutar. Hayvanlar arasındaki avcı/av ilişkileri ve bölgesel hakları korumaya yönelik davranışlar bu dengenin korunmasında önemli bir rol oynar. Afrika savanlarındaki doğal yaşamı gösteren aşağıdaki resimde bunun örneklerini bulacaksınız.

Bölgesel haklar

Tüm canlıların besin, barınak ve belirli bir yaşama alanına gereksinimleri vardır. Hayvanların çoğu bu gereksinimlerini karşılayabilmek için bölgesel haklarını savunmaya yönelik davranışlar gösterirler. Yani birey ya da sosyal gruplar olarak, tüm gereksinimlerini karşılayabilecek büyüklükteki belli bir bölge üzerinde yaşarlar. Bu bölgenin aynı türden diğer bireylere karşı savunulması, türün nüfusunun denetim altında tutulmasına katkıda bulunur.

Ekolojik konum

Bir hayvanın topluluk içindeki rolü –ne yediği, nerede yaşadığı ve besin zincirinde hangi halkayı oluşturduğu– o hayvanın ekolojik konumu olarak tanımlanır. Farklı türler aynı ekolojik konum içinde yaşayamaz. Buna zorlanmaları durumunda birinden biri pes edene kadar yiyecek ve yaşama alanı için savaşmayı sürdürürler. Bazen farklı türlerden iki hayvan aynı konumu paylaşıyor gibi görünse de daha dikkatle bakıldığında, iç içe geçmiş durumda bile olsa iki ayrı konumun varlığı görülebilir.

Afrika buffalosu –her sürünün birkaç kilometre genişliğinde kendi otlanma alanı vardır.

Filler yüksek otları, buffalolar taze sürgünleri, antiloplar da geri kalan küçük otları yerler ve böylece her tür kendi ekolojik konumu içinde beslenir.

Bir aslan sürüsü –aslanlar, zebra ve antilop gibi büyük otçullarla beslenir. Her sürünün, genişliği kimi zaman sekiz kilometreyi bulan, kendi avlanma alanı vardır.

Avcılar

Avcılar diğer hayvanları avlayıp yiyen hayvanlardır. Bunlar otçulların ve daha küçük avcı türlerinin aşırı biçimde çoğalmasını önledikleri için ait oldukları ekosistem içinde çok önemli bir rol oynarlar.

Avcıları izleyelim

Çevrenizdeki avcı türlerini izlemeye çalışın. Fare avına çıkmış bir kedinin davranışı Afrika otlaklarında avını kovalayan aslanınkinden çok da farklı değildir. Çevrenizde izleyebileceğiniz diğer avcı türler arasında atmaca ve kerkenez gibi kuşlar da bulunabilir.

Avını (fare ve benzeri küçük memeliler) gözleyen bir kerkenez

Daha küçük avcı kuşlar çoğu zaman yol kenarları ve açık arazilerde avlanır.

Kuş sofrası

Kuşları beslemek için bahçe ya da balkonunuzun bir köşesine koyabileceğiniz küçük bir "kuş sofrası" çeşitli kuş türlerini tanımanıza yardım edebilir. Ne tür yemlerden hoşlandıklarını ve beslenme yöntemlerini izleyerek, ekolojik konumlarını saptamaya çalışın. Kuş sofrasının nasıl yapılacağını 39. sayfadan öğrenebilirsiniz.

Kuş sofranıza fındık, ayçekirdeği ya da küçük et parçaları koyarak çeşitli kuşların nelerden hoşlandığını öğrenebilirsiniz.

Çevrenizdeki kuşları bu biçimde beslerseniz kışın yaşamlarını sürdürmelerini sağlayabilirsiniz.

Kuşların farklı yemlenme yöntemlerini izlemek için kuş sofranıza farklı yiyecekler asın.

Nüfus artışı sorunu

Dünyadaki insan nüfusu günümüzde beş milyarı aşmış bulunmakta ve hızla artmayı sürdürmektedir (bu soruna ilişkin ayrıntıları 32. sayfada bulabilirsiniz). Bu denli kalabalık bir nüfusun yanı sıra insanların çevreye giderek daha büyük ölçüde zarar veriyor olmaları, doğal yaşamı ağır bir baskı altına sokmaktadır. Her yarım saatte bir, yeryüzünden bir hayvan ya da bitki türünün eksilmekte olduğu ve bunun yanı sıra bir zamanlar yaygın olan doğal yaşam alanlarının da hızla ortadan kalktığı tahmin edilmektedir.

Bunlar, günümüzde varlıkları tehlikede olan birçok tür arasından sadece birkaçıdır.

Yok olan yaşam alanları ve doğal yaşam

Kentlerin giderek genişlemesi, endüstri, tarım ve ormancılık alanlarında yürütülen etkinliklerin yaygınlaşması, doğal yaşam alanlarının ortadan kalkmasına yol açmaktadır. Yaşam alanları yok edilen sayısız bitki ve hayvanın da onlarla birlikte yeryüzünden silinmesi kaçınılmazdır. Örneğin çok önemli doğal yaşam alanları olan tuzlu su bataklıkları ve mangrovlar ürkütücü bir hızla kirlenmekte ve yok olmaktadır.

İnsanların kürk ve fildişi gibi egzotik süs eşyaları konusundaki açgözlülükleri her yıl milyonlarca hayvanın ölmesine yol açmaktadır. Öldürülenlerin yanı sıra bir o kadar hayvan da hayvanat bahçeleri, ev hayvanı ticareti ve laboratuvar deneyleri için yakalanmaktadır. Bugün çita ve kutup ayısı gibi bazı türler yok olma tehlikesi ile karşı karşıyadır. Dünya çapındaki vahşi hayvan ticareti yasadışı olmasına ve hayvanlar için bir işkence olmasına karşın sürüp gitmektedir.

Doğal yaşamın korunması

Doğal yaşamın ve yaşam alanlarının korunması günümüzde her zamankinden daha büyük önem taşımaktadır. Bu konuda yapılmış olan uluslararası anlaşmalar yetersiz kalmaktadır. Tehlikede olan türlerin ve yaşam alanlarının korunması konusunda çok daha etkin önlemler alınması zorunlu hale gelmiştir. Diğer yandan doğal yaşamın korunması her şeyden çok insanların çevreyi nasıl etkilediklerinin bilincine varmalarına bağlıdır.

Dev panda, World Wide Fund for Nature (Uluslararası Doğa Fonu) adlı çevreci örgütün amblemidir.

Bu örgüt 1961 yılından beri doğal yaşamın ve yaşam alanlarının korunması için mücadele vermektedir.

Diğer belli başlı çevreci örgütler tarafından yürütülen çeşitli etkinliklere ilişkin daha geniş bilgiyi 44-45. sayfalarda bulabilirsiniz.

WWF

Yok olma tehlikesi içindeki türlere yardım

Dünyanın her ülkesinde yok olma tehlikesiyle karşı karşıya bulunan hayvan ve bitki türleri vardır. Kendi ülkenizdeki çevreci kuruluşlarla bağlantı kurarak (bkz. 44-45. sayfalar) bunların neler olduğunu öğrenmeye çalışın. Bu kuruluşların etkinliklerine katılabileceğiniz gibi kendiniz de çevrenizdeki insanları bu konuda bilinçlendirmeyi amaçlayan bir grup kurabilirsiniz (bkz. 42-43. sayfalar).

Bu türlere yardımcı olmanın bir başka yolu da var olan doğal yaşam alanlarını korumak ya da yenilerini oluşturmaktır. Bu amaçla küçük bir yapay göl (bkz. 5. sayfa ve 36-37. sayfalar) ya da bir mini-park (bkz. 25. sayfa ve 42-43. sayfalar) yapabilirsiniz. Birçok böcek ve çiçeğe evsahipliği yapacak küçük çayırlık alanlar kolaylıkla oluşturulabilir. Bahçeniz varsa bunun küçük bir bölümündeki otları biçilmemiş olarak bırakın. Burası bir süre sonra doğal bir çayır görünümünü alacaktır. Yakınınızdaki bir parkın bir bölümünün bu amaçla ayrılması için yerel makamları razı etmeye çalışın.

Kent içindeki bir parkta yer alan doğal çayırlık alan

Kentsel ekosistemler

Size şaşırtıcı gelebilir ama büyük kentlerde de bir ölçüde doğal yaşam vardır. Hayvanlar ve bitkiler kentlerde yeterli besin ve barınak bulabildikleri her yere yerleşirler. Bunlar kent ortamında ve insanların arasında yaşamaya çeşitli biçimlerde uyum sağlamışlardır.

Kent koşullarına uyum sağlama

Kentler ve kasabaların büyümesi, dünyanın her yerinde birbirine benzer kentsel çevreler yaratmıştır. Farklı hayvanlar farklı yerlerde benzer ekolojik konumlara uyum sağlamak için belli değişimlerden geçmiştir. Örneğin fırça kuyruklu opossum, rakun ve kızıl tilki gibi hayvanlar yaşadıkları kıtaların kentsel çevrelerinde kendilerine yer bulmayı başarmışlardır. Bunlar bir zamanlar vahşi doğada yaşarken zamanla oluşan tarım alanları ve kentlerdeki yaşam koşullarına uyum sağlamış olan türlerdir.

Fırça kuyruklu opossum ve rakun, çoğunlukla kent varoşlarındaki evlerin çatılarının altında yuva yaparken tilkiler yaşamak için parkları ve boş alanları seçerler. Bu hayvanlar çoğu zaman karınlarını çöpte buldukları yemek artıklarıyla doyururlar. Farklı yaşam alanlarına uyum sağlamış olan bu canlılar böylelikle insan eliyle oluşturulan çevrelerde yaşamayı başarmışlardır.

Serçe sadece insanların yaşadığı yerlerde bulunan bir kuş türüdür. Eskiden tahılla beslenirken bugün çok daha çeşitli şeyler yemeye alışmışlardır. Yüksek yapıların çatılarında yuva yapabilmeleri, serçelerin kent koşullarında yaşamlarını rahatlıkla sürdürmelerini sağlar.

Serçe (Avrupalı sömürgecilerin peşinden tüm dünyaya yayılmıştır.)

Avrupa, Kuzey ve Güney Amerika, Güney Afrika, Avustralya ve Yeni Zelanda'da çok sayıda bulunur.

Birbirini izleme

Nerede terk edilmiş bir toprak parçası varsa bir süre sonra doğa oraya yerleşir. Çeşitli bitki ve hayvanlar zaman içinde birbirlerinin yerini alırlar. Bu sürece, **birbirini izleme** adı verilir. Çoğu zaman ilk gelenler otlar ve yosunlar olur. Onları çiçek açan bitkiler izler. Bunların peşinden gelen böcekler, kuşları ve diğer hayvanları çeker. Böyle bir yer uzun süre kendi haline bırakılırsa daha büyük bitkiler ve ağaçlar da yetişecektir. Bu süreci 28. sayfada daha ayrıntılı biçimde ele alacağız.

Kent safarisi

Safariye çıkmak için mutlaka Afrika'da ya da tropik ormanlarda olmanız gerekmez. Yaşadığınız kentin içinde de aynı ölçüde ilginizi çekecek hayvan ve bitkiler görebilirsiniz. Kentin kalabalıktan uzak yerlerini, örneğin mezarlıkları, boş alanları, parkların tenha köşelerini, ırmak kıyılarını ve kanalları deneyin. Kent safarisi için iyi bir gözlemci –ve biraz da sabırlı– olmanız yeterlidir. Yanınıza birkaç arkadaşınızı da alırsanız, geziniz gerçek bir arazi çalışması olur.

Ulaşım ve kirlenme

Araçların egzoz gazlarının neden olduğu hava kirliliği, büyük kentlerde yaşamı giderek daha çekilmez hale getirmektedir. Kent havası, egzozlardan çıkan azot oksitin güneş ışığında oksijenle tepkimeye girmesi sonucu oluşan, ozon gibi çok sayıda zararlı gaz içerir. Ozon, karbon monoksit ve hidrokarbonlar ile kurşun ve toz zerrecikleri, kentlerde yaşayan insanların ve diğer tüm canlıların sağlığını olumsuz yönde etkilemektedir. Araçlarda kurşunsuz benzin kullanımının yanı sıra egzozlara zehirli gazları tutmaya yarayan ve üçlü katalitik dönüştürücü adı verilen filtrelerin takılması, sorunu bir ölçüde hafifletecekse de uzun dönemde etkili olacak çözümler ancak ulaşım sistemleri ve kent planlaması alanlarında köklü değişiklikler yapılması ile ortaya çıkabilir. Raylı sistemlerin ve toplu taşımacılığın geliştirilmesinin yanı sıra "trafiğin düzenlenmesi" olarak tanımlanan yöntemlerin uygulanması da bu değişiklikler arasında yer almaktadır.

Japonya'nın başkenti Tokyo'da caddelere yerleştirilen elektronik aygıtlar trafik gürültüsü ve hava kirliliği düzeylerini göstermektedir.

"Trafiğin düzenlenmesi" yöntemlerinden bazıları aşağıda gösterilmiştir:

Kirlilik ölçen likenler

Liken adı verilen bitkiler hava kirliliğine, özellikle de asit yoğunluğuna karşı çok duyarlıdır (bkz. asit yağmuru, 15. sayfa). Bu nedenle likenlerin varlığı ya da yokluğu havanın kirlilik düzeyi konusunda bir fikir verebilir. Yapraklı ve dallı likenler sadece havası temiz olan yerlerde görülür. Kirlilik düzeyinin çok yüksek olduğu bölgelerde liken bulunmaz. Duvarlar, taşlar ve ağaç gövdeleri üzerindeki likenleri inceleyerek havanın ne kadar temiz ya da kirli olduğunu saptayabilirsiniz.

Bir mini-park yapalım

Bakımsız, boş bir toprak parçası üzerinde küçük bir çayır ya da bir mini-park yaratmak oldukça emek isteyen ve bu yüzden de arkadaşlarınızla biraraya geldiğinizde daha kolay başarabileceğiniz bir iştir. Amaç, kentin ortasında, çok küçük boyutlarda da olsa gölü, otları, çalıları ve ağaçlarıyla tam bir ekosistem oluşturmaktır. Bu küçük doğa parçası çevrede yaşayan insanların göz zevkini okşayacak ve bir süre sonra çeşitli böcekler, kelebekler ve diğer küçük canlıların barınağı olacaktır.

Yaşadığınız yerdeki çevreci kuruluşlarca daha önce başlatılmış olan benzer bir projenin olup olmadığını öğrenmeye çalışın. Varsa onların çalışmalarına katılabilir, yoksa arkadaşlarınızla birlikte uygun bir yer bulup kendi projenizi başlatabilirsiniz (bu konuda 42-43. sayfalarda daha ayrıntılı bilgiler verilmiştir).

Tropik yağmur ormanları

Ekvator çevresindeki büyük yağmur ormanları, Orta ve Güney Amerika, Orta Afrika, Güneydoğu Asya ve Kuzey Avustralasya'nın büyük kısmını kapsar. Dünyanın en karmaşık ekosistemlerini oluşturan bu ormanlar, doğal kaynaklardan yana çok zengindir. Yağmur ormanları, taşıdıkları öneme karşın insanlar tarafından yıkıma uğratılmaktadır.

Yağmur ormanları, yağış ve sıcaklığın çok yüksek ve değişmez olduğu bölgelerde bulunur. Oluşumlarından bu yana geçen milyonlarca yıl içinde dünyanın en zengin doğal yaşam alanları haline gelen bu ormanlar, gezegenimizin topraklarının % 10'undan daha azını kaplamalarına karşın dünyadaki bitki ve hayvan türlerinin % 50-70'ini barındırırlar. Yağmur ormanlarının en büyüğü Brezilya'daki Amazon ormanlarıdır.

Tukan büyük ve güçlü gagasını kullanarak yüksek dallardaki meyvelere erişebilir ve düşmanlarını ürkütüp kaçırır.

Bir yağmur ormanı yapalım

Büyük bir akvaryumunuz varsa minyatür bir yağmur ormanı yaratabilirsiniz. Akvaryumun dibine bir sıra ince çakıl ve odun kömürü döşeyip üstüne 2-3 cm kalınlığında, bitkisel gübreyle karışık toprak dökün. Zemini toprağın altına koyacağınız ufak taşlarla şekillendirin. Toprağı biraz ıslatın ve birkaç egzotik bitki dikin. Üstünü camla örtüp doğrudan güneş almayan aydınlık bir yere koyduğunuz akvaryumun içindeki bitkiler kısa zamanda gelişecektir.

Toprak, bitkiler ve hava arasındaki su alışverişi, ancak iki-üç ayda bir sulamanızı gerektirecek biçimde sürekli bir nemlilik sağlar.

Egzotik bitki türlerini seralarda ve çiçekçilerde bulabilirsiniz.

Orkide gibi çiçekli bitkiler ormanınıza renk katar.

Eğreltiotu

Bitkileri çok sıkışık dikmeyin, yoksa gelişecek yer bulamazlar.

Ormanın katmanları

Dünyadaki tüm yağmur ormanları, her biri kendine özgü bitki ve hayvan türlerini barındıran beş ana katmandan oluşur. Bu katmanlar çoğunlukla iç içe geçmiş durumdadır, kimi zaman da bir ya da iki tanesi eksiktir.

Yırtıcı kartal

Biraz aşağıdaki yoğun yeşilliğin 10-15 metre kadar üzerine çıkan en uzun boylu ağaçların oluşturduğu **üst katman**. Yırtıcı kartallar ve diğer avcı kuşlar bu ağaçların dallarından aşağı bakarak avlarını kollarlar.

Zümrüt yeşili ağaç boası

Yerden 30-40 metre yükseklikte ve yaklaşık 10 metre kalınlıktaki **çatı katmanı,** ağaçların ve sarmaşıkların aralarında hiç boşluk kalmayacak biçimde birbirine girmiş dal ve yapraklarından oluşan yeşil bir damdır. Ormandaki canlıların çoğu güneş ışığından yararlanma olanağını buldukları bu katmanda yaşarlar.

Kürklü maymun

Daha az ışık alan, palmiye gibi daha küçük ağaçlar ve genç ağaçların üst bölümlerinin oluşturduğu **alt katman**. Çatı katmanındaki kadar fazla olmamakla birlikte, bu katman da kendine özgü hayvan ve bitki topluluklarını barındırır.

Çalılar ve bodur ağaçlardan oluşan **çalı katmanı,** varlığını üstteki katmanlardan geçebilen güneş ışınlarıyla sürdürür. Güneşin erişemediği yerlerde hem bu katman hem de altındaki ot katmanı çok az gelişir.

Çatı katmanında bir boşluk oluştuğu zaman güneş ışınları alt katmanlara ulaşır ve buralardaki bitkiler hızla büyümeye başlar.

Ormanın tabanında yetişen eğrelti ve diğer otların oluşturduğu **ot katmanı,** tapir gibi yerde yaşayan canlılar ile çok çeşitli böcek türlerini barındırır.

Zehirli ok atan borusu ile avlanan yerli. Brezilya yerlilerinin nüfusu son 400 yıl içinde 5 milyondan 200.000'e düşmüştür.

Büyük ağaçların kökleri fazla derine inmediğinden bunlar yıkılmamak için destekler geliştirmişlerdir.

Ormanın zemini birkaç santimetre kalınlığında bir yaprak örtüsü ile kaplıdır. Burada organik maddeler ayrıştırıcılar tarafından işlenip tekrar kullanıma hazırlanır ve mineraller doğrudan yüzeye yakın ağaç köklerine gönderilir. Bu süreç o kadar hızlıdır ki minerallerin çok az bir bölümü toprağın alt katmanlarına inebildiği için ormanın tüm mineral zenginliği bitkilerde depolanır.

Ormandaki ağaçlar kesilip yakıldığı zaman bitkilerin içerdiği mineraller küle dönüşür ve kök sistemlerinin yok olması sonucunda da toprağın yüksek verimli üst katmanı yağmurlarla akıp gider. Geri kalan toprağın da kısa sürede işe yaramaz duruma gelmesiyle bir zamanlar yaşamla dolup taşan orman alanları çöle dönüşür. Ormanın tekrar canlanması (canlanabilirse) yüzyıllar alır.

Orman insanları

Yağmur ormanı çevreyle uyum içinde yaşayan yerlilerin barınağıdır. Ormanı ve sahip olduğu sonsuz zenginlikleri anlamak için onların bilgi ve deneyiminden yararlanmamız gerekir. Oysa her geçen gün, bu insanlar hem kendi isteklerine hem de temel insan haklarına aykırı olarak, kendilerine ait olan bu toprakları terk etmeye zorlanmaktadır. Binlerce yıldır içinde yaşadıkları ormanlarla birlikte, bu insanlar ve sahip oldukları paha biçilmez bilgi birikimi de yok olmaktadır.

Yağmur ormanlarının önemi

Tropik yağmur ormanları oksijen, karbon ve su çevrimlerindeki konumları nedeniyle dünya ikliminin dengede tutulmasında yaşamsal önem taşırlar. Bu ormanlar yeni ilaçların yapımını sağlayacak hammadelerin yanı sıra yeni besin maddeleri için de çok önemli kaynaklardır (en az 1650 orman bitkisinin yenilebilir türde olduğu bilinmektedir).

Yağmur ormanlarının sahip olduğu sayısız doğal zenginliklerden henüz tam anlamıyla yararlanamıyoruz. Ormanın bize sunduğu kereste, kauçuk ve gıda maddeleri gibi ürünleri gereken biçimde değerlendirirken belli bir dengeyi korumaya ve ormanların varlığını tehlikeye atmamaya özen göstermeliyiz.

Kauçuk ağaçlarının gövdelerinden sızan kauçuğun toplanması

Yağmur ormanlarının yok edilmesi

Dünyadaki tüm yağmur ormanlarının neredeyse yarısının yok edilmiş olduğunun bilinmesine karşın, bu konudaki hatalı davranışlar sürmektedir. Bunun nedeni yağmur ormanlarının bulunduğu ülkelerdeki hızlı nüfus artışı, yoksulluk ve eşit olmayan toprak dağılımıdır. Gelişmiş ülkelerin kereste gereksinimleri ve iyi planlanmamış yardım programları durumu daha da ağırlaştırmaktadır. Uzun dönemli bir çözümün bulunması için önce temeldeki bu sorunların ortadan kaldırılması gerekir.

Orman yıkımının sonucu

Doğadaki değişim

Mikroskobik hücrelerden içinde yaşadığımız çevreye kadar dünya üzerindeki her şey sürekli bir değişim içindedir. Kimi değişimler kısa zamanda oluşur, kimileri ise milyonlarca yılda tamamlanır. Bu sayfalarda gerek doğal yollarla ortaya çıkan, gerekse insan eliyle gerçekleştirilen farklı türlerdeki değişimlere ilişkin örnekler bulacaksınız.

Değişen görüntüler

Yerkabuğundaki hareketler, yanardağ patlamaları, toprak erozyonu ve okyanusların yükselip alçalması gibi büyük doğal güçler, milyarlarca yıldır yeryüzünün görüntüsünü hiç durmaksızın değiştirmektedir. Ama bu değişim süreci o kadar yavaştır ki farkına bile varılmaz.

ABD'nin batısındaki Monument Vadisini ilginç kılan bu görüntü, milyonlarca yıllık bir süre içinde toprak erozyonu sonucu oluşmuştur.

Doğada **birbirini izleme** olarak tanımlanan daha kısa dönemli değişimler de vardır. Bunlar, belli bir zaman dilimi içinde, bir dizi farklı türdeki bitki ve hayvanın sürekli olarak kendilerinden öncekilerin yerini alması ile oluşur. Bu sürecin sonunda ortaya çıkan **doruk topluluğu,** iklim koşulları değişmediği sürece varlığını hemen hemen hiçbir değişikliğe uğramadan sürdürür (örneğin, yağmur ormanları).

Doruk topluluğunun ortaya çıkması ile son bulan birbirini izleme sürecine bir örnek:

Dünyanın doğal koşullarında insan eliyle gerçekleştirilen değişiklikleri her an çevremizde görebiliriz. Birçok yerde tarım, endüstri ve kentleşme doğal görüntüyü değiştirmiştir. Geçmişte ancak yüzyıllar içinde gerçekleşebilen bu değişim, küresel nüfus artışı ve hızlı endüstrileşme gibi nedenlerle son zamanlarda belirgin biçimde hız kazanmış bulunmaktadır.

İklim değişmeleri

Dünyanın çoğu yerinde iklim mevsimlere bağlı olarak, yıl boyunca belli değişiklikler gösterir. Bunun nedeni güneşin çevresindeki dönüşü sırasında dünyanın ekseninin eğik olmasıdır. Hava sıcaklığının yıl boyunca değişmediği tropik bölgelerde mevsimler ancak yağış miktarı ile birbirinden ayrılır. Buna karşılık Ekvatordan kuzeye ya da güneye gidildikçe, iklim değişmeleri özellikle sıcaklık farklılıkları yönünden daha belirgin bir hal alır ve kış, ilkbahar, yaz ve sonbahar olarak dört mevsim ortaya çıkar.

Ekseni 23 derece eğik olan dünyamız, güneşin çevresinde belli bir açıda döner.

Güneş ışınlarının eğiklik derecesi, iklim farklılıklarını ortaya çıkarır.

Londra'da yazken Sydney'de kış olur.

Mevsim değişmelerini belgelemek

Fotoğraf makineniz varsa, uzunca bir süre belli aralıklarla (örneğin bir yıl boyunca her ayın ilk günü) aynı doğa parçasının resimlerini çekin. Bu şekilde çeşitli aşamalarını belgelediğiniz değişim sürecinin ne denli ilginç olduğunu görebilir ve isterseniz bu fotoğrafları sırasıyla yan yana dizip, küçük bir sergi oluşturabilirsiniz.

Aynı noktadan kış ve yaz görüntüleri

Çevreyi çok daha çarpıcı biçimde etkileyen uzun dönemli iklim değişimleri de vardır. Son 900.000 yıl boyunca dünyamız yaklaşık olarak on buzul çağı ve bunların aralarında yer alan daha sıcak dönemler geçirmiştir. Görüldüğü kadarıyla günümüzde bu sıcak dönemlerden birini yaşamaktayız.

Bu grafik son 900.000 yıllık süre boyunca küresel sıcaklıklarda meydana gelen değişmeleri göstermektedir.

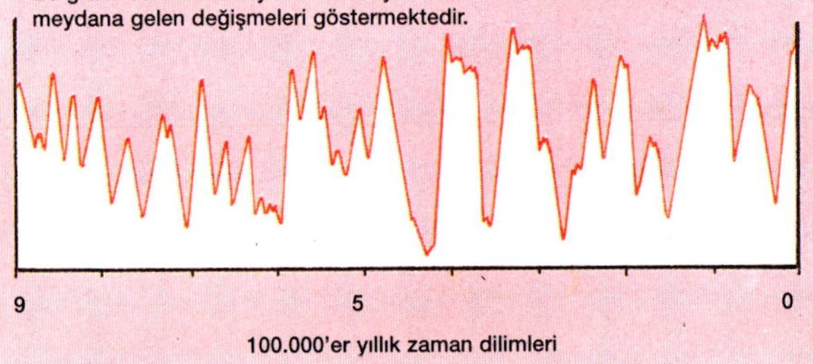

Doğal iklim değişimleri binlerce yıl içinde ortaya çıktıkları için canlılar açısından bir tehlike oluşturmazlar. Bugün dünyayı tehdit eden çok daha önemli bir sorun, giderek artan endüstriyel etkinliklerin neden olduğu küresel iklim değişmeleridir. Doğal değişimlere kıyasla bunlar çok daha kısa bir süre içinde geliştiklerinden sonuçları da çok ciddi olacaktır. Sera etkisi (bkz. 13. sayfa), güneş ışınlarının yeryüzüne erişmesini güçleştiren duman bulutları ve ozon tabakasının incelmesi şu anda yüz yüze bulunduğumuz tehlikelerdir.

Ozon tabakasının incelmesi

Atmosferdeki ozon tabakası, dünyayı güneşin deri kanserine yol açan morötesi ışınlarından korur.

Kloroflorokarbonlar (CFC) olarak adlandırılan ve bazı spreylerde, polistiren yapımında ve buzdolaplarında kullanılan kimyasal bileşiklerin, yaşamsal önem taşıyan ozon tabakasının incelmesine yol açtığı ortaya çıkmıştır.

CFC gazlarının üretiminin yavaşlatılması yolunda bazı kararlar alınmışsa da çoğu bilim adamı bu konuda çok daha etkin önlemlere başvurulması yanlısıdır.

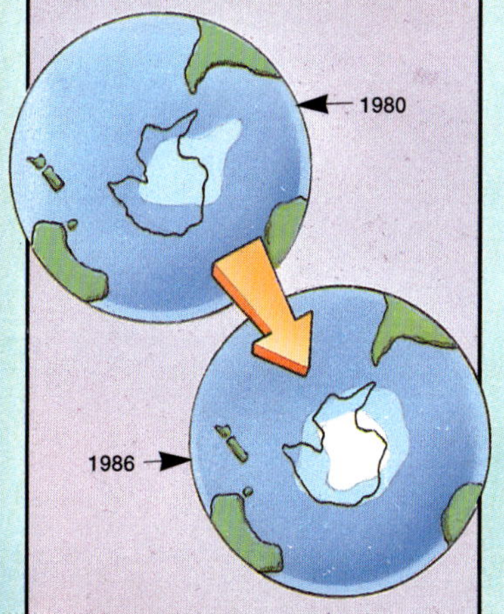

Bu iki resim ozon tabakasının Antarktika üzerine rastlayan bölümündeki incelmeyi göstermektedir.

Canlı varlıklardaki değişimler

Canlılar dünyasında her şey değişim içindedir. Ölen hücrelerin yerini yenileri alır. Bitkiler ve hayvanlar doğar, büyür, çoğalır ve yerlerini kendilerini izleyen kuşağa bırakarak ölürler. Ayrıca tüm canlıların yaşam süreçleri ve davranışsal özellikleri de değişime uğrar.

Mevsimlere bağlı olarak ortaya çıkan iklim değişimleri canlılara da yansır. Birçok hayvan türünün yaşam süreci, sıcaklık farklılıklarına ve besin maddelerinin bulunabilirliğine göre değişkenlik gösterir. Bazı hayvanlar, koşulların beslenme ya da üreme için daha elverişli olduğu uzak bölgelere **göç** ederler.

Kuzey Kutbu'nda yaşayan bu deniz kırlangıcı, yaz aylarını Kuzey Buz Denizi kıyılarında çoğalarak geçirir. Daha sonra 20.000 km uçarak o sırada yaz mevsimini yaşayan Güney Kutbu'na ulaşır ve orada beslenir. Deniz kırlangıcı böylece bir yıl içinde 40.000 km yol kat eder.

Birçok bitki çiçek açma ve tohum verme dönemlerini mevsim değişmelerine göre ayarlar. Örneğin çok yıllık otsu bitkiler her yılın sonunda ölürler ancak saplarının toprak altındaki bölümleri ve kökleri kış boyunca canlı kalır. Soğuk kış aylarını tohum biçiminde geçiren bir yıllık bitkiler ise hava ısınmaya başlayınca gelişip çiçek açar ve kış gelmeden önce tekrar tohum döküp ölürler.

Yılan ve köstebek gibi bazı hayvanlar ise yılın en soğuk aylarını uykuda geçirirler. Derin **kış uykusu** sırasında bu hayvanların yaşamsal işlevleri en aza iner ve yazın depoladıkları yağ tüm enerji gereksinimlerini karşılamaya yeter. Sıcak bölgelerde yaşayan bazı hayvanlar ise (örneğin vatanı Afrika olan "akciğerli balık") aşırı sıcak ve kurak dönemlerde yaşamlarını sürdürebilmek için **yaz uykusuna** yatarlar.

Yılanlar aşırı soğuktan kaçmak için kışı toprağın altında uyuyarak geçirirler.

Nergisler çok yıllık otsu bitkilerdir.

Gelincikler bir yıllık otsu bitkilerdir.

Tırtılın kelebeğe dönüşmesi

Canlıların yaşam süreleri içinde yer alan en ilginç değişimlerden biri de **metamorfoz** adı verilen süreçtir. Bir tırtılın bu süreçten gündüz ya da gece kelebeği olarak çıkışını yakından izlemek isterseniz önce resimde gördüğünüz gibi bir kutu yapın. Daha sonra kutunun içine birkaç tırtılla birlikte onların yediği türlerdeki bitkilerin yapraklı dallarından koyun (yapraklar bittikçe yenilerini getirin). Bir süre sonra tırtıllar çevrelerine bir koza örerek pupa adını alırlar. Bu sürecin sonunda da kozalarından gündüz ya da gece kelebeği olarak çıkarlar. Bunları hemen serbest bırakın.

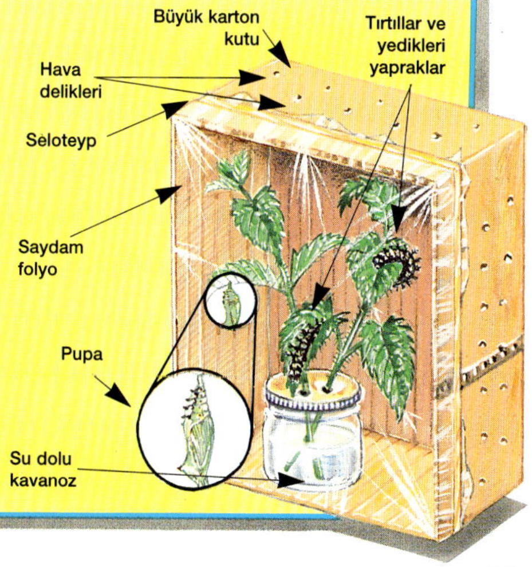

Evrim

Dünya üzerinde yaşamın başlamasından bu yana geçen 3,5 milyar yıl içinde, canlılar sürekli bir değişim ve gelişim içinde olmuşlardır. Çok uzun dönemde gerçekleşen bu değişim sürecine evrim diyoruz.

Bu süreci ve çevresel değişimlerle bağlantılarını inceleyen ekologlar, gezegenimiz ve üzerindeki yaşama ilişkin çok şey öğrenmişler ve canlılar ile çevre arasındaki etkileşimin ne kadar büyük önem taşıdığını görmüşlerdir.

Evrim skalası

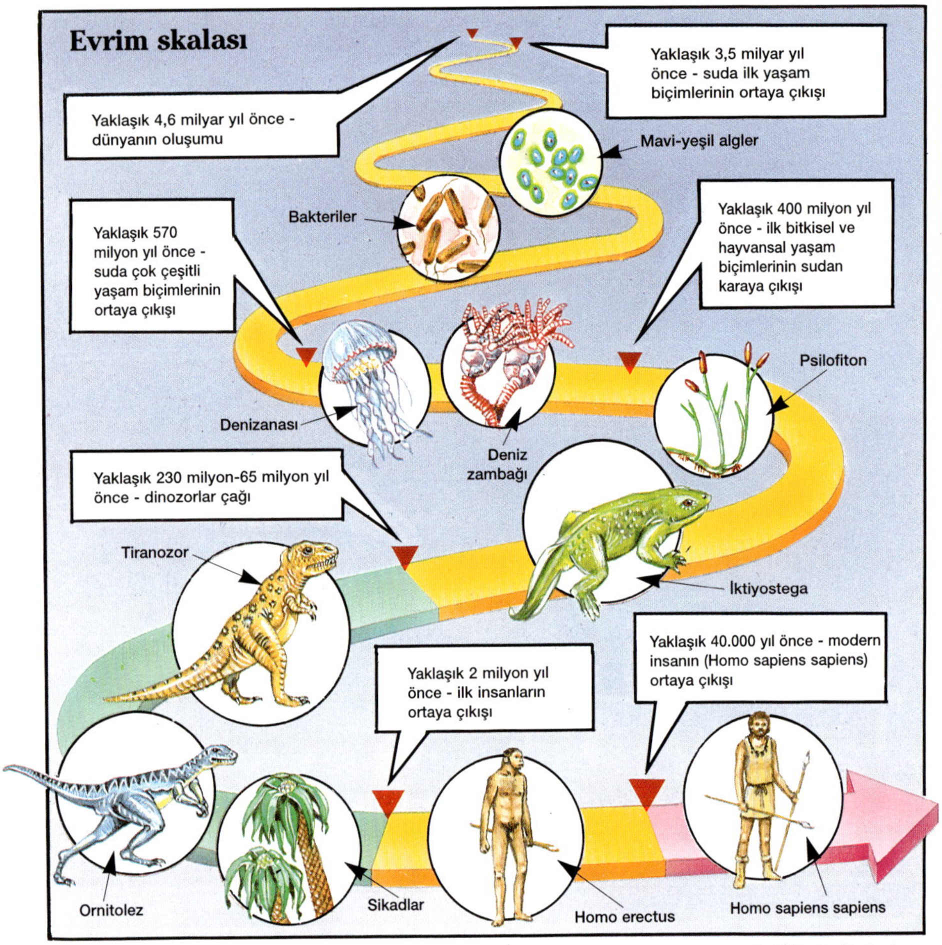

İnsan embriyonunun ana rahmindeki gelişimi, evrim sürecinin kanıtı olarak görülebilir. Dokuz ayda tamamlanan gebelik süresi içinde embriyon karmaşık bir gelişim sürecinden geçer. Tek bir hücre olarak başladığı bu sürecin sonunda her şeyi ile tam bir insan olarak dünyaya gelir.

İnsan embriyonunun geçirdiği değişimler, yaşamı tekhücreli mikroskobik organizmalardan bugünün karmaşık yapılı canlılarına kadar getiren evrim sürecini yansıtmaktadır. Öyle ki insan embriyonu bir aşamada, uzak akrabalarımız olan balıklarla bağlantımızı kanıtlarcasına solungaç delikleri bile geliştirir.

İnsan embriyonunun gelişimi

Altı haftalık | Sekiz haftalık | Dokuz haftalık | Oniki haftalık

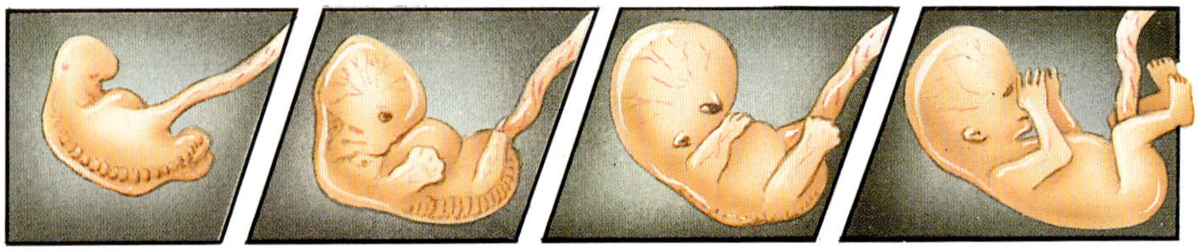

Fosiller: Evrimin anahtarları

Fosiller çok eskiden yaşamış hayvan ya da bitkilerin kaya katmanları arasında korunarak günümüze kadar gelmiş olan kalıntıları ve izleridir. Bazen bir deniz kabuğu ya da hayvan kemiği minerale dönüşür ve böylelikle kayanın içinde biçimini korur. Bazen de hayvan ya da bitkinin gövdesi çürüyüp dağıldıktan sonra kayanın içinde izi kalır. Paleontoloji yani fosilbilim çok eski çağlarda yaşamış olan canlılar ve geçirdikleri evrim konusunda bilgi sahibi olmamızı sağlayan başlıca bilim dallarından biridir.

Kaya katmanlarının yaşları hesaplanabildiğinden içlerinde bulunan fosillerin hangi döneme ait olduğu belirlenebilir.

Farklı dönemlere ait fosillerin karşılaştırılması bize canlıların evrimi konusunda bilgi verir.

Kimi zaman bütün olarak fosilleşmiş dinozor iskeletleri bulunur.

Fosil arıyoruz

Fosiller genellikle kumtaşı, kireçtaşı ve kayrak gibi kayaların toprak üstüne çıktığı yerlerde bulunurlarsa da başka yerlerde de görülebilirler. Fosil aramaya giderken yanınıza bir çekiç ve keski ile bulacağınız örnekleri koymak için bir kutu almanız yeterli olacaktır. Fosillerin varlığını gösteren belirtiler kolaylıkla gözden kaçabileceği için çok dikkatli olmalısınız. Çevrede tür, biçim ve renk olarak diğerlerinden farklı görünen kayalar olup olmadığına bakın. Çekiç ve keski yardımıyla kayadan iri parçalar kırıp içlerine bakın. Fosil avında başarılı olursanız bir fosil koleksiyonu yapmaya başlayabilirsiniz.

Bulabileceğiniz fosillerden örnekler:

Deniz kabuğu izi

Amonit (eski çağlarda yaşamış, mürekkepbalığına benzer bir yaratık)

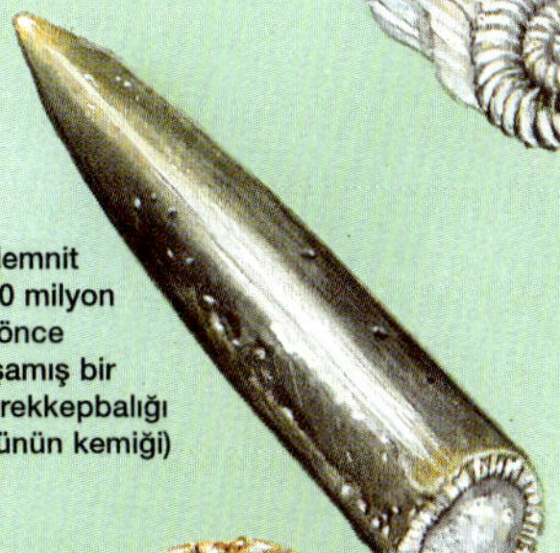

Belemnit (120 milyon yıl önce yaşamış bir mürekkepbalığı türünün kemiği)

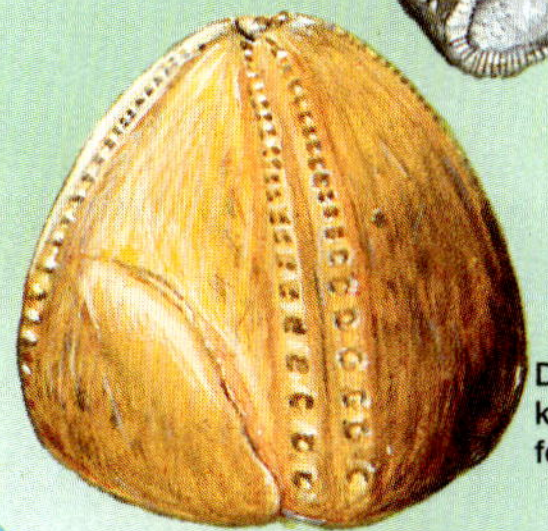

Deniz kestanesi fosili

Darwin teorisi

Evrim sürecinin nasıl işlediğine ilişkin çok çeşitli kuramlar bulunmakla birlikte, Charles Darwin'in bu konudaki görüşleri son 150 yıldır gerçeğe en yakın açıklama olarak kabul edilmiştir.

Darwin başlangıçtaki ilkel canlılardan bugünkü karmaşık yaşam biçimlerine geçişi sağlayan evrimi, doğal seçilim ya da "en güçlünün varlığını sürdürmesi" olarak tanımladığı bir süreç ile açıklamıştır.

Doğal seçilim kuramı, ancak çevreyle en iyi biçimde uyum sağlayan hayvan ve bitki türlerinin varlıklarını sürdürebildikleri görüşüne dayanır.

Bu uyumu olanaklı kılan çeşitli fiziksel ve diğer değişimler, daha sonraki kuşaklarda da ortaya çıkar.

Canlıların çok uzun bir süre içinde yavaş yavaş değişmesi ya da evrim geçirmesi bu şekilde gerçekleşir.

Örneğin 19. yüzyılda İngiltere'de görülen aşırı hava kirliliği, benekli bir gece kelebeği türünün koyu renkli olanlarının, açık renklilere kıyasla düşmanlarından daha kolay saklanmalarını sağladığı için, bu genetik özellik bir süre sonra ağır basmaya başlamış ve bu türün koyu renklileri sayıca diğerlerini geçmişti.

Açık renkli, benekli gece kelebeği

Koyu renkli, benekli gece kelebeği

Darwin'den sonra

Günümüzde bazı bilim adamları Darwin'in kuramının evrimle ilgili birçok konuyu açıklığa kavuşturmakta yetersiz kaldığını ve doğal seçilimin çok daha karmaşık bir sürecin parçası olduğunu ileri sürmektedir. Bir görüşe göre de basit hücrelerden karmaşık organizmalara evrimleşme, canlıların kendi gövdelerinin yapı ve işlevlerini birtakım karmaşık yollarla düzenlemek yolunda, doğuştan gelen bir eğilime sahip olduklarını göstermektedir. Hangi görüş doğru olursa olsun, evrim dediğimiz süreci tam olarak anlamaktan hâlâ çok uzağız.

Yaşayan gezegen

Dünyanın kendisi de milyarlarca yıl süren bir değişim geçirmiştir. Gezegenimizin, üzerindeki yaşamla birlikte sürekli olarak evrim geçirdiğini ve ikisinin de diğerinin gelişimini etkilediğini söyleyebiliriz. Örneğin en eski bitki türlerinden biri olan mavi-yeşil algler tarafından milyonlarca yıl boyunca üretilen oksijen, zaman içinde daha karmaşık canlıların ortaya çıkmasını sağlamıştır. Bazı bilim adamlarına göre gezegenimiz, çevresindeki atmosfer ile birlikte canlı bir organizmadır. Dünyayı "canlı" bir varlık olarak kabul eden bu görüşe, Yunan mitolojisindeki Yeryüzü Tanrıçası Gaia'dan esinlenilerek Gaia hipotezi denmektedir.

İnsanın sorumluluğu

Bugün çevremizi istediğimiz gibi biçimlendirme ve böylece bir ölçüye kadar da olsa gelecekteki evrimimizi denetleme olanağına sahibiz. Bunun yanı sıra dünyanın ve üzerindeki tüm diğer canlıların geleceğini de elimizde tutmaktayız. Ancak bunun ne denli büyük bir sorumluluk olduğunun bilincine daha yeni varıyoruz. Önümüzde çok sayıda seçenek ve yapmamız gereken çok şey var. Bunu izleyen sayfalarda bu konuyu daha ayrıntılı biçimde ele alacağız.

İnsanlar ve gezegen

İnsan nüfusunun büyük bir hızla artmakta oluşu hem çevreyi hem de doğanın dengesini tehdit etmektedir. Şu anda yüz yüze bulunduğumuz en önemli sorunlardan biri budur. Ancak birbirleriyle çok yakından bağlantılı olan ve bu nedenle de bir bütün olarak ele alınmaları gereken çok çeşitli toplumsal, ekonomik ve siyasal koşulların yol açtığı bu sorunun kolay bir çözümü bulunmadığı açıktır.

Nüfus artışı

Dünya nüfusu 1830'larda 1 milyara erişene kadar binlerce yıl geçmesi gerekmişti. Oysa bundan sadece 100 yıl sonra, yani 1930'lu yıllarda bu sayı ikiye katlanmış bulunuyordu. 1975'te 4 milyar olarak saptanan nüfus, bu kez 12 yıl gibi çok kısa bir sürede –1987 sonunda– 5 milyara çıkmıştı. Bu sayının önümüzdeki yüzyılın sonlarına doğru 10 milyara erişeceği ve o seviyede kalacağı tahmin edilmektedir.

Bugüne kadar gerçekleşen ve önümüzdeki yıllarda beklenen nüfus artışını gösteren grafik

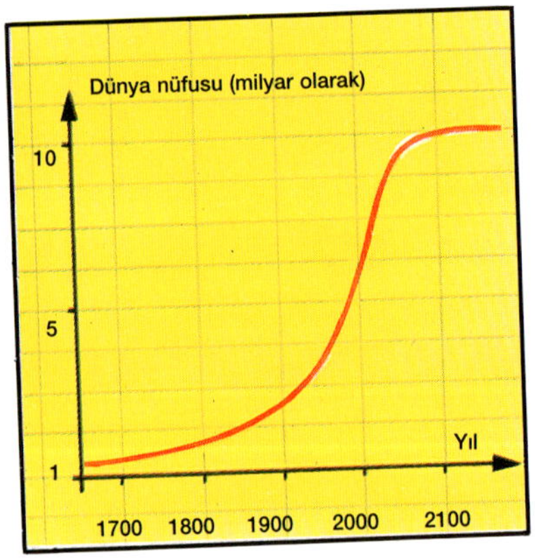

Bu artışın büyük bölümü, doğum oranı ölüm oranından yüksek olan, az gelişmiş ülkelerde yer almaktadır.

Nüfus ve doğal kaynaklar

Dünyamızın doğal kaynakları 5 milyarın üstündeki bir nüfusu beslemek için yeterlidir. Ancak uygulamada bu gerçekleşmemekte, gelişmekte olan ülkelerdeki milyonlarca insan, açlık ve yoksulluk içinde yaşamaktadır. Nüfus sorununun gerçek nedeni "çok fazla insan" ya da "çok az toprak" değil, artan nüfusun gereken biçimde beslenmesini ve daha rahat koşullarda yaşamasını sağlayacak önlemlerin alınmamasıdır.

Nüfus sorunları her zaman toprak azlığından kaynaklanmaz : Hollanda'da nüfus yoğunluğunun yüksek olmasına karşın açlık sorunu yoktur; çünkü bu ülke, insanlarını besleyebilecek güce sahiptir. Buna karşılık, kişi başına düşen toprağın çok daha fazla olduğu Hindistan ve Brezilya'da insanların yoksulluğu açlığa neden olmaktadır.

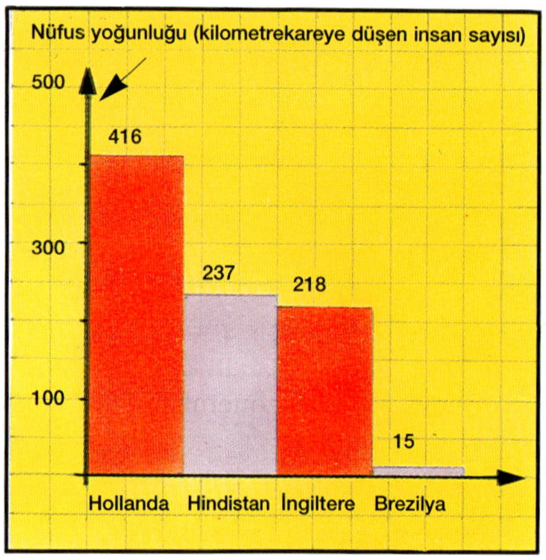

Sorunun çok büyük bir bölümü dünyamızın doğal zenginliklerinin ülkeler ve insanlar arasında eşit olmayan biçimde dağılmasından kaynaklanmaktadır. Örneğin bugün doğan bir Amerikalının yaşamı boyunca tüketeceği doğal ürünler (gıda maddeleri, fosil yakıtlar, madenler vs.), gelişmekte olan bir Afrika ülkesi vatandaşına kıyasla 40 kat daha fazla olacaktır. Bunun bir nedeni de gelişmekte olan ülkelerin kahve gibi birtakım ürünlerini gelişmiş ülkelere satabilmek için birbirleriyle yarışmaya zorlanmaları ve bu rekabet ortamında gelişmiş ülkelerin yararına olacak şekilde fiyat düşürmek zorunda kalmalarıdır.

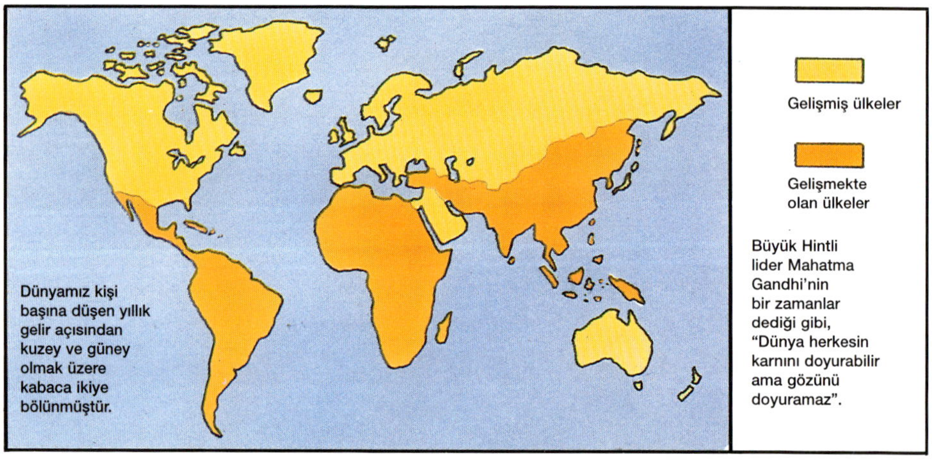

Dünyamız kişi başına düşen yıllık gelir açısından kuzey ve güney olmak üzere kabaca ikiye bölünmüştür.

Büyük Hintli lider Mahatma Gandhi'nin bir zamanlar dediği gibi, "Dünya herkesin karnını doyurabilir ama gözünü doyuramaz".

Nüfus ve çevre

Çölleşme (16. sayfa) ve yağmur ormanlarının yok olması (27. sayfa) gibi çevresel tehlikelerin tek nedeni nüfus artışı değildir. Gelişmiş ülkelerin denetiminde olan uluslararası ekonominin de bunda büyük payı vardır. Yoksul çiftçilerin çoğu, verimli toprakları terk etmeye zorlanmakta ve bu topraklar daha sonra gelişmiş ülkelerin satın aldığı ürünlerin yetiştirilmesi için kullanılmaktadır. Arazileri ellerinden alınan çiftçiler ise yaşayabilmek için ya düşük verimli toprakları kullanmak zorunda kalmakta ya da tarla açmak amacıyla ormanları yok etmektedirler. Bu koşulların çevreye verdiği zarar, ancak ulusal ve uluslararası ekonomik politikalarda yapılacak köklü değişiklikler ile önlenebilir. Söz konusu politikaları etkileyebilecek güçteki gelişmiş ülkeler, gelişmekte olan ülke halklarının ve içinde yaşadıkları çevrenin geleceğini de belirlemektedir.

Enerji ve çevre

Yemek pişirme, ısınma ve ulaşım gibi birçok temel gereksinimimizi karşılamak için enerji tüketiriz. Enerji üretimi çevreyi büyük ölçüde etkilediğinden gelecekte kullanılacak enerji kaynaklarının seçimi konusunda çok dikkatli davranmamız gerekmektedir. Bugün yapacağımız seçimler yarının toplumunu ve çevresini belirleyecektir.

Günümüzde enerji

Gelişmiş ülkelerde enerji gereksiniminin büyük bir bölümü kömür, petrol ve doğalgaz gibi fosil yakıtlarla karşılanmakta, geri kalanı da radyoaktif uranyum kullanan nükleer santrallarda ve su gücü ile çalışan hidroelektrik santrallarda üretilmektedir. Ancak bu amaçla kullanılan yöntemler çevreye önemli ölçüde zarar vermektedir. Örneğin fosil yakıt kullanımı, asit yağmuru ve sera etkisine neden olurken, nükleer santrallar uzun dönemde radyoaktif kirlenme ve atık sorununa yol açmakta ve her an olabilecek nükleer bir kaza tehlikesini de beraberinde getirmektedir.

Gelişmekte olan ülkelerde ise petrolün büyük bir bölümü endüstri ve ulaşım alanlarında tüketildiği için konutlarda kullanılan başlıca enerji kaynağı odundur. Bu da ormanların yok olması ve toprak erozyonu gibi başka çevre sorunları yaratmaktadır.

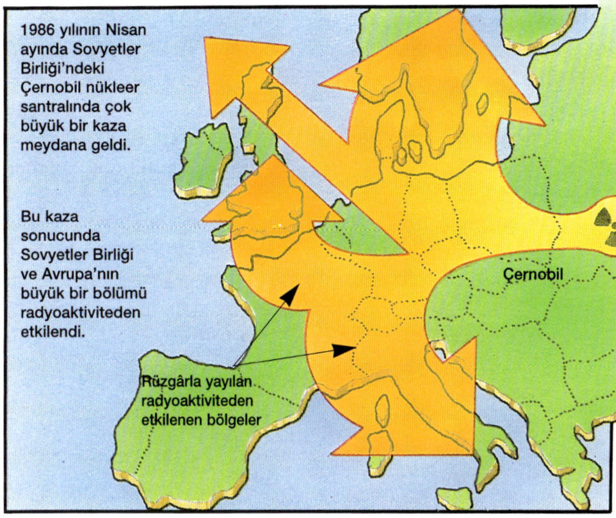

Yenilenebilir enerji

Bugün birçok ülkede enerji üretiminin daha temiz ve güvenli yöntemlerle gerçekleştirilmesine başlanmıştır. Bunlar fosil yakıtlar gibi eninde sonunda tükenmeyecekleri için, yenilenebilir enerji kaynakları olarak bilinmektedir. Şu anda dünyanın çeşitli yerlerinde başarı ile uygulanmakta olan yeni yöntemler, gelecekte çok daha fazla enerji sağlayacak olmalarına karşılık çevreye çok daha az zarar verecek niteliktedir. Bu yöntemlerin başlıcaları şunlardır:

- Güneş enerjisinden aktif (elektrik üretiminde güneş panellerinin kullanımı) veya pasif (güneşin ısısından faydalanmak için binalarda daha çok cam kullanımı) olarak yararlanılabilir. Bu, Kuzey Avrupa gibi az güneşli bölgeler için bile iyi bir çözümdür.

Büyük bölümü camdan oluşan yapılar güneş ısısından yararlanır.

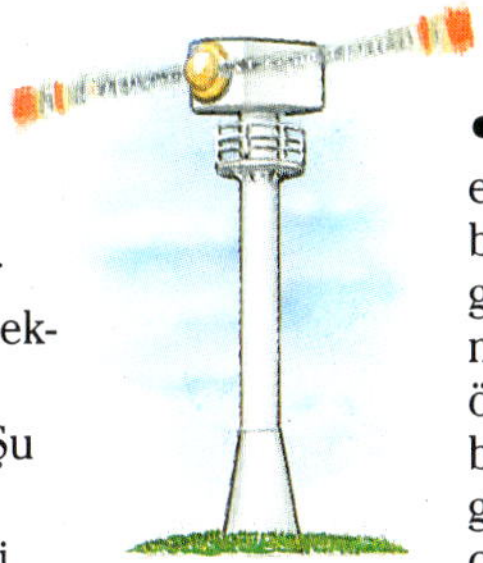

İskoçya'da rüzgâr gücüyle çalışan bir jeneratör

- Büyük ölçekli elektrik üretimi için birçok yerde rüzgâr gücünden yararlanılmaktadır. Bu yöntem, özellikle uzak yerleşim birimlerine ve enerji gereksinimi çok olmayan kullanıcılara elektrik verilmesine uygun niteliktedir.
- Özel olarak yetiştirilmiş, hızlı büyüyen bitki ve ağaçların kullanımı bölgesel yakıt gereksinimini karşılayabilir.
- Endüstriyel atıkların ve kent çöplerinin, özel olarak yapılmış tesislerde yakılması hem enerji üreten hem de çöp sorununa çözüm getiren bir yöntemdir.

Diğer kaynaklar arasında, deniz dalgaları ve gelgit olayının içerdiği enerjinin dönüştürülmesi ile jeotermal enerjiden (dünyanın çekirdeğindeki ısı) faydalanılması da yer almaktadır. Yenilenebilir enerji kaynaklarının bazılarının yaygın kullanımda yol açacağı birtakım çevre sorunları varsa da, bunlar fosil yakıtların kullanımının getirdiği sorunlara ya da başka nükleer kazaların olması tehlikesine kıyasla daha önemsizdir.

Enerjide tutumluluk

Fosil ve nükleer yakıt kullanımını azaltmanın bir yolu enerjiyi etkin biçimde kullanmaktır. Endüstri ve ulaşım alanlarında daha az enerji kullanımına yönelik önlemlerin alınmasıyla bu hedefe ulusal düzeyde erişilebilir. Ama kişisel olarak hepimizin yapması gereken şeyler de bulunmaktadır. Evinizde alabileceğiniz önlemlerden bazılarını aşağıda bulacaksınız:

Sıcak su kazanını ve borularını resimde görüldüğü gibi yalıtırsanız suyunuz daha çabuk ısınır ve daha uzun süre sıcak kalır.

Elektriği boşa harcamayın. Kullanmadığınız ışıkları söndürün. Su tüketiminize dikkat edin. Yıkanacağınız zaman küveti doldurup içine girmek yerine duş yaparak daha az sıcak su harcarsınız.

Kapı ve pencerelerinizi soğuğa karşı yalıtmak hem kolay hem de çok etkili bir önlemdir.

Evinizde tavanarası varsa zeminini yalıtarak ailenizin ısınma için yaptığı harcamayı % 20 oranında azaltabilirsiniz.

Gelecek

Gelecekte içinde yaşamak istediğimiz çevreye ilişkin seçenekler, bugün karşımızda durmaktadır. Yapmak zorunda olduğumuz en önemli seçim şudur: Doğal çevrimleri anlayıp kendimizi onlara uyduracak ve böylece doğayla uyum içinde yaşamaya başlayacak mıyız, yoksa şimdiye kadar olduğu gibi doğaya karşı çıkmayı sürdürecek miyiz? Dünyadaki tüm canlıların hatta dünyanın kendisinin geleceği bugün yapacağımız seçimlere bağlıdır.

Çevre sorunlarının çözülmesi

İnsanların doğaya yaptığı baskı, dünya çapında bir çevre krizinin ortaya çıkmasına yol açmıştır. Hemen çözüm bekleyen başlıca sorunlar ve bunların giderilmesi için alınabilecek önlemler aşağıda verilmiştir:

Toprak erozyonu

Toprak erozyonu, toprağın yüksek verimli üst katmanının rüzgâr ve yağmurun etkisiyle kaybolup gitmesi sonucu ortaya çıkar.

- Ağaçlandırma: Ağaçlar ve çalı türü bitkiler rüzgârın hızını keser ve kökleriyle toprağı tutarlar.
- Organik tarım: Organik gübreler suyu daha uzun süre tutar ve toprağın kuruyup, rüzgârla dağılmasını önler.
- Daha küçük tarlalar: Bir tarla ne kadar küçükse toprağı da o kadar korunaklı olur.

Yağmur ormanı kıyımı

- Yağmur ormanlarının bulunduğu ülkelerde, toprak sahipliğini düzenleyen yasaların ormanları koruyacak biçimde değiştirilmesi.
- Gelişmiş ülkelerin et ve tropik ağaç kerestesi alımına sınırlamalar getirilerek, orman bölgelerinde hayvancılık ve keresteciliğin denetim altına alınması.
- Orman kaynaklarının kullanımında sürdürülebilir (doğal çevrimlerle uyum sağlayan ve sürekli olarak kullanılabilecek) yöntemlerden faydalanılması.

Asit yağmuru ve diğer kirlenme biçimleri

- Elektrik santralları ve motorlu araçlarda filtre kullanılması.
- Yenilenebilir enerji kaynaklarının kullanımı.
- Tarımda kimyasal maddeler yerine doğal maddelerin kullanılması.
- Endüstriyel ve nükleer tesislerin neden olduğu kirlenmenin önlenmesi.

Çölleşme

Kurak ve düşük verimli topraklar aşırı kullanım sonucu çöle dönüşür.

- Gelişmekte olan ülkelerde dışsatıma yönelik tarım ürünlerine daha az ağırlık verilmesi (bu ürünlerin en bereketli topraklarda yetiştirilmesi yoksul çiftçileri daha az verimli topraklara yerleşmeye itmekte, buralar da bir süre sonra çölleşmektedir).
- Uygun sulama yöntemlerinin kullanılması.
- Ağaç dikiminin hızlandırılması.

Doğal yaşam alanlarının ve doğal yaşamın yok olması

- Kentlerde ve kırsal alanlarda daha fazla ve daha büyük doğal yaşam alanları oluşturulması.
- Doğal yaşam alanlarını korumaya, yabani hayvan avı ve ticaretini önlemeye yönelik uluslararası denetim ve yasaların sıkılaştırılması.

Ozon tabakasının incelmesi

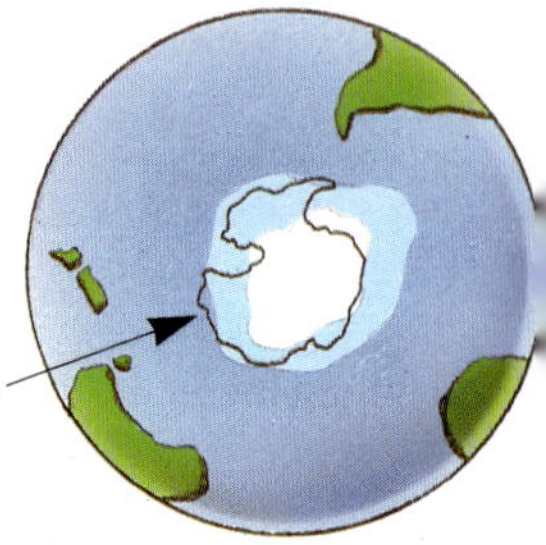

Atmosferdeki koruyucu ozon tabakası yok olma tehlikesi ile karşı karşıyadır.

- Kloroflorokarbonların üretim ve kullanımının mümkün olan en kısa zamanda tümüyle yasaklanması.

Sera etkisi

- Yenilenebilir enerji kaynaklarının kullanımı.
- Fotosentez için havadaki karbon dioksiti kullanan ve bir tür hava temizleyici filtre görevini üstlenen yağmur ormanlarının yok edilmesinin önüne geçilmesi.
- Enerji kullanımı ve atık üretiminin azaltılması.

Doğal kaynakların israfı

- Temel minerallerin geri kazanımı.
- Tüketim maddelerinin uzun süre dayanacak biçimde üretilmesi ve bozulanların atılmak yerine onarılıp tekrar kullanılması.
- İnsanların her şeyi gereksiz biçimde harcayıp tüketme alışkanlıklarını değiştirmeye özendirilmesi.

Başarılı uygulamalar

Bu önlemlerin başarılı olabilmesi için tüm dünya ülkeleri tarafından benimsenmeleri zorunludur. Bu da uluslararası alanda, özellikle de dünyanın gelişmekte olan ve gelişmiş ülkeleri arasında daha fazla işbirliği yapılmasını gerektirir. Oysa politikacılar dünyanın ve üzerinde yaşayanların geleceğinden çok, kısa vadede kendilerine oy sağlamakla ilgilenmektedirler.
Birçok kişi bu önlemlerin dahi yeterli olmayacağını, tüm insanların yaşam biçimlerini önemli ölçüde değiştirmeleri gerektiğini düşünmektedir. Bu görüşte olanlar, yeşilci hareket olarak bilinen uluslararası bir örgütlenme içinde bu amacın gerçekleşmesi için çalışmaktadırlar.
Daha önce çevreci hareket adı altında yürütülmüş olan bu etkinlikler konusunda 45. sayfada, Yeşilci Partiler başlığı altında daha ayrıntılı bilgi verilmiştir.

Gelişmekte olan ülke halklarının kendilerine daha iyi koşullar oluşturmalarını sağlama yolunda çaba harcayan Oxfam gibi yardım kuruluşları, başarılı çalışmalar yürütmektedirler.

Bu kuruluşlar, yerel gelenek ve alışkanlıkları değiştirmeden sorunlarını çözmeye çalışmaktadır.

Afrika'daki rüzgâr gücüyle çalışan bu su pompası gibi, yerel halkın kullanabileceği, uygun teknolojiye dayanan araç ve gereçler sağlanmaktadır.

Yeşilci hareketin kullandığı simgelerden biri olan ayçiçeği, ekolojik açıdan daha sağlıklı bir toplumun oluşumunu temsil etmektedir.

Sorunlar dünya çapındadır, ama herkesin yapabileceği bir şey vardır. Kendi yaşamınızda yapacağınız küçük bir değişiklik bile küresel koşullarda bir düzelmeyi simgeler. Bu kitap size yapabileceklerinize ilişkin önerilerde bulunmaktadır. Daha fazlasını yapmak istiyorsanız 44-45. sayfalarda adları verilen kuruluşlarla bağlantı kurabilirsiniz.

Genetik mühendisliği

Günümüzde ortaya çıkan önemli sorunlardan biri de genetik mühendisliği alanındaki çalışmaların denetlenmesidir. Bilim adamları, canlı organizmaları (veya çeşitli bölümlerini) değiştirmek ya da bu organizmaları kullanarak yeni yaşam biçimleri oluşturmak için, canlıların hücrelerinde yer alan ve taşıdıkları özellikleri belirleyen genetik "kodu" içeren genleri kullanmaktadır.

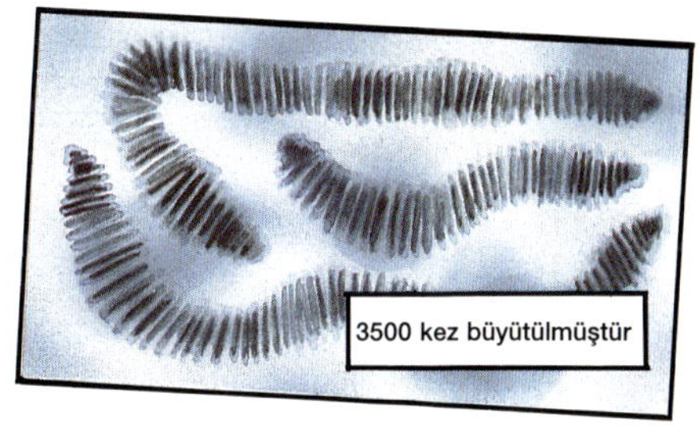

Bilim adamları bir organizmanın genlerinde depolanmış olan bilgiyi değiştirerek, gelecek kuşakların taşıyacağı özellikleri biçimlendirebilmektedir.

Genetik deneyler, çağdaş teknolojinin nasıl hem yararlı hem de zararlı olabileceğini göstermektedir. Örneğin, genetik mühendisleri ürünlere zarar veren tırtılları öldüren bir tür mikroorganizma üretmişlerdir ama bazı bilim adamları bu organizmaların doğanın dengesini bozabileceği görüşündedir. Bu tip genetik deneylere şu anda var olandan çok daha sıkı bir denetim getirilmesi zorunludur.

Antarktika – bir sınav

Antarktika insan elinin neredeyse hiç değmediği bir kıtadır. Ancak bazı gelişmiş ülkeler, çok zengin petrol ve mineral kaynakları içerdiği düşünülen bu bölge ile ilgilenmeye başlamıştır. Gelişmekte olan ülkeler de bu zenginlikten paylarını istemektedir. Greenpeace (Yeşil Barış) gibi çevreci gruplar ise, Antarktika'nın gelecek kuşaklar için doğal park olarak korunmasını savunmaktadırlar. Antarktika'nın geleceği, çevre konusundaki işbirliği açısından bir başarı –ya da başarısızlık– ölçütüdür.

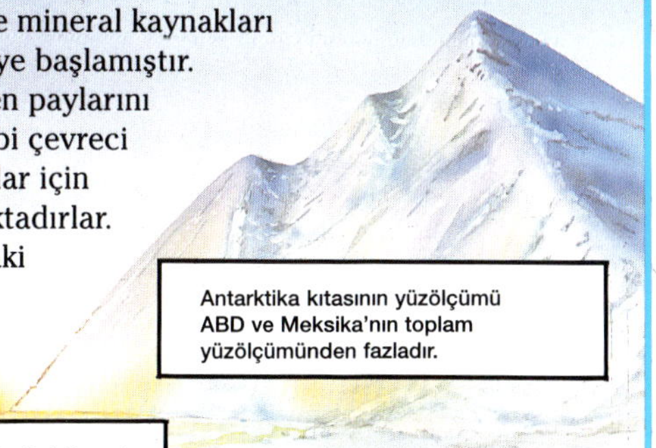

Antarktika kıtasının yüzölçümü ABD ve Meksika'nın toplam yüzölçümünden fazladır.

Antarktika koruma altına alındığında bilimsel araştırma yapmak isteyenlere açık olacak ancak her türlü zarardan da uzak kalacaktır.

Petrol kirliliği hassas bir dengesi olan ekosistemi altüst edebilir. Çok düşük sıcaklıklar, petrolün ayrışma sürecini aşırı derecede yavaşlatır.

Bütünsellik görüşü

Doğaya saygılı olmayı öğrenmek bugün eskisinden daha büyük önem taşımaktadır. Bunu sadece doğa bizim besin, su ve hava gibi temel gereksinimlerimizi karşıladığı için değil, onun da var olmaya hakkı olduğu için yapmalıyız. Doğanın dışında ve üstünde olmadığımızı, dünyadaki diğer varlıklar gibi bizim de onun sadece bir parçasını oluşturduğumuzu anladığımız zaman, doğayı tüm öğeleri ile birlikte korumanın önemini kavramaya başlayabiliriz.
Bütünsellik görüşüne göre doğa, her biri diğerlerinden ayrı ve farklı nitelikte parçalardan oluşan bir toplam değil, ayrılmaz bir bütün ya da "yaşam ağı"dır. Bu ağın ipliklerini tek tek koparmaya başlarsak günün birinde tümünü –ve onunla birlikte kendimizi de– yok ederiz.

Ekoloji projeleri

Bu sayfalarda kendi başınıza veya arkadaşlarınız, aileniz ya da öğretmenlerinizle birlikte gerçekleştirebileceğiniz bazı projeler bulacaksınız. Bunları uygularken hem iyi vakit geçirecek, hem de ekoloji konusundaki bilginizi artıracaksınız.

Karınca gözlemevi

Bir karınca kolonisinin yaşantısını izlemek için ne yapabileceğinize 20. sayfada kısaca değinmiştik. Şimdi bir karınca gözlemevi yani formikaryumun nasıl yapılacağını görelim.

Gerekli malzeme

30 cm boyunda, 4 cm genişliğinde ve en az 2 cm kalınlığında 3 tahta parçası

30x34 cm boyutlarında 2 parça pleksiglas

Plastik ve tahta için kullanılan türde yapıştırıcı

4 cm uzunluğunda 6 ince çivi ve bir çekiç

Eski bir naylon çorap parçası ve sağlam bir lastik

Bahçe toprağı, kum, birkaç ince dal ve yaprak

Karıncalar

Yapılışı

Üç tahta parçasını, yapıştırıcı ve çivileri kullanarak resimde gördüğünüz biçimde birbirine tutturun.

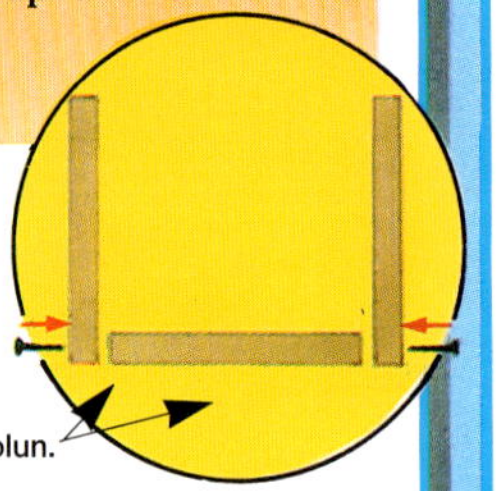

Yapıştırıcı kuruduktan sonra, bu kez tahta çerçevenin bir yüzüne yapıştırıcı sürüp pleksiglaslardan birini kenarlarını bastırarak yapıştırın. Diğer pleksiglası da aynı biçimde çerçevenin diğer yüzüne yapıştırın.

Yapıştırıcının iyice kuruması için bir-iki gün bekleyin, daha sonra formikaryumun içine bir kat kum, bir kat toprak koyun ve bu işlemi tepede 10 cm boşluk kalana kadar tekrarlayın. En üste de yaprak ve ince dallar yerleştirin.

Yumuşak bir fırça ve bir kavanoz kullanarak karıncalarınızı toplayın (büyük taşların altına bakın). Koloninin içinde diğerlerinden daha iri oluşuyla tanıyabileceğiniz kraliçe karınca da bulunursa iyi olur. Sonra karıncaları yeni evlerine yerleştirin.

İçine nemli bir parça pamuk, biraz şeker, elma parçaları ve ekmek kırıntıları da koyduktan sonra formikaryumun üstünü naylon çorapla örtün ve çorabı lastikle tutturun. Artık karıncalarınızın çalışmasını izleyebilirsiniz.

Yapay göl

Çevrenizdeki doğal yaşama katkıda bulunmanın bir yolu da küçük bir yapay göl yapmaktır. Gölünüzün bittiğinde neye benzeyeceğini görmek istiyorsanız 5. sayfaya bakın.

Gerekli malzeme

Bir kürek

Büyük bir naylon

İri taşlar ve bir miktar saman

Eski bir kilim ya da bolca bez parçası

Sepetlerde yetiştirilen türden göl bitkileri ve yosunlar

Bol su (en iyisi yağmur suyudur)

Çevredeki bir gölden alınmış bir kova dolusu su ve çamur

Uygun bir yer bulun

Bahçeniz varsa, bir köşesini bu iş için kullanabilirsiniz. Eğer yoksa, yapay gölünüzü yetkililerden izin alarak, çevrenizdeki bir okulun bahçesi ya da yakındaki bir parkın içinde de yapabilirsiniz.

Olabildiğince ağaçlardan uzak bir yer seçmeye çalışın, çünkü sonbaharda dökülen yapraklar sorun yaratabilir.

Gölünüzün yakınında kurbağa ve benzeri hayvanların gereğinde sığınabilecekleri bir çiçek bahçesi, çalılık ya da kayalar olmasına dikkat edin.

Kazmaya başlayın

Gölünüzün biçimini istediğiniz gibi yapabilirsiniz.

En az 2 m genişliğinde ve 50 cm derinliğinde bir çukur kazın.

Çukurun kenarları yukarı doğru genişleyecek biçimde, iki-üç basamaklı olmalıdır.

Naylonun delinmemesi için çukurun dibindeki ve yanlarındaki taşları temizleyin ve zemini eski kilim ya da bezlerle örtün.

Naylonu çukurun dibine serin

Üzerinde kalmış olabilecek kimyasal maddeleri temizlemek için naylonu iyice yıkayın, sonra da kenarları dışarı taşacak biçimde çukurun dibine yayın. Tam olarak oturtamasanız bile, naylon suyun ağırlığı ile çukurun biçimini alacaktır.

Naylonun dışarda kalan uçlarının üstüne çepeçevre büyük taşlar yerleştirin. Bunun için kaldırım yapımında kullanılan taşlardan yararlanabilirsiniz.

Çukurdan çıkan toprağın bir bölümünü kullanarak naylonun üzerini 10 cm kalınlığında toprakla kaplayın. Göl bitkilerinizin gelişebilmek için toprağa gereksinimleri olacaktır.

Gölünüzü doldurun

Bir bahçe hortumu ya da kova kullanarak çukuru suyla doldurun (yağmur yağdığında taşmaması için üstte 5-10 cm'lik boş yer bırakmayı unutmayın).

Bir kova dolusu çamurla karışık göl suyunu da ekleyin. Bu suyun içerdiği çeşitli bitki, tohum ve küçük canlılar gölünüzde yaşamın başlamasını hızlandıracaktır.

Şimdi de sıra, sepetler içinde aldığınız göl bitkilerini eklemeye geldi. İşinizi kolaylaştırmak için bunları gölünüze sepetleriyle birlikte yerleştirebilirsiniz. Sepetlerin dipte durmalarını sağlamak için küçük taşlar kullanın.

Toprağın ve çamurun dibe çökmesi için bir süre bekleyin. Gölün dibine ve kenarlarına koyacağınız birkaç büyükçe taş, göl hayvanlarının barınmalarına ve suya girip çıkmalarına yardımcı olacaktır.

Gölün bakımı

Küçük gölünüzün suyu çok bulanırsa içine bol miktarda göl salyangozu ekleyin. Bunlar suyu kirleten çok küçük yosunları yerler.

Göle düşebilecek üç-beş ağaç yaprağı dipte çürüyerek minerallere dönüşeceğinden yararlı bile olur. Ancak özellikle sonbaharda dökülen çok sayıdaki kuru yaprak sorunlara yol açacağından bunları dibe çökmeden temizlemelisiniz.

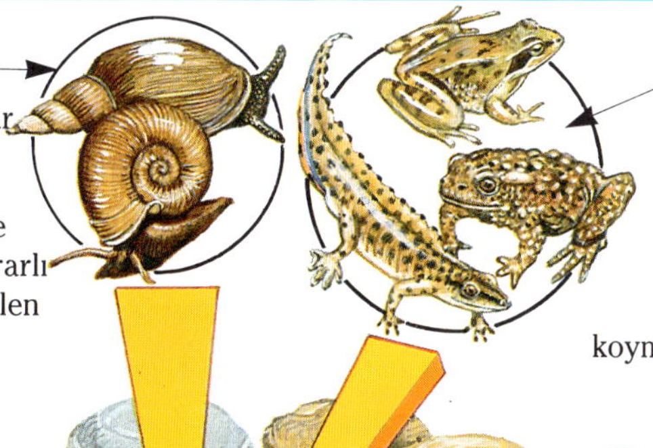

Kurbağa ve su semenderi gibi daha büyük hayvanlar bir süre sonra kendiliklerinden gelip gölünüze yerleşirler, ama biraz sabırlı olmalısınız.

Göl yerine bir süs havuzu istemiyorsanız ve özellikle de gölünüz çok küçükse içine balık koymayın, çünkü balıklar kısa zamanda sudaki daha küçük canlıları yiyip bitirirler.

Yağışsız ve sıcak dönemlerde göl suyunun birazı buharlaşacağı için ara sıra su eklemeniz gerekebilir.

Organik gübre yığını

Bahçeniz varsa ve toprakla uğraşmayı seviyorsanız bir köşesini bu projeye ayırabilirsiniz. Gübre, bitkilerin büyürken tükettikleri önemli mineralleri yerine koyarak toprağı yeniden zenginleştirir. Kimyasal gübrelerden daha doğal olan organik gübrenin bahçenizi güzelleştirdiğini göreceksiniz.

Gerekli malzeme

Mutfak atıkları (kullanılmış çay yaprakları, patates ve elma gibi sebze ve meyvelerin kabukları, et dışındaki yemek artıkları)

Biçilmiş otlar, dökülen yapraklar

Gübre gibi, azot içeren bir "hızlandırıcı" (çürümeyi hızlandırır).

Biraz toprak

Bol su

Hepsi aynı boyda olan 8 yassı tahta parçası ve 1,5 m uzunluğunda 4 kalın sırık

Bir çekiç ve çiviler

Eski bir kilim ya da kalın bir muşamba

Yapılışı

Önce gübre yığınınız için yaklaşık bir metrekare büyüklüğünde bir yer bulun.

Dört köşeye sırıkları çakın.

Yassı tahtaları sırıklara çakarak yan duvarları oluşturun. İçeriye hava girebilmesi için tahtaların arasında boşluklar bırakın.

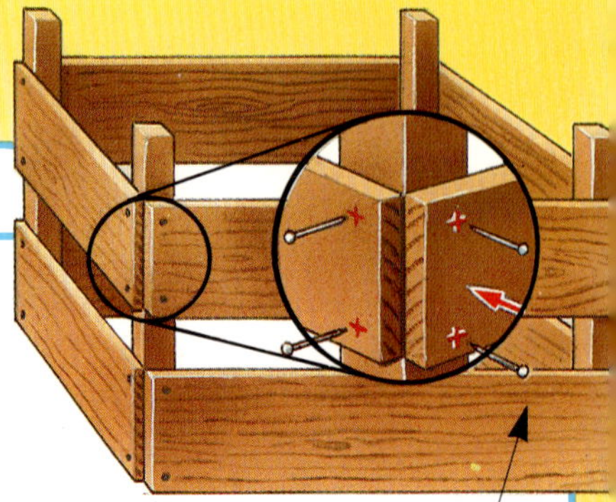

Çivileri çakarken dikkatli olun. Çivileri düz tutun ve çekici başlangıçta birkaç kez hafif, sonra daha kuvvetli vurun.

Tahta yerine tuğla da kullanabilirsiniz ama dengede durmalarına ve aralarında hava boşlukları kalmasına dikkat edin.

En alta bir kat çalıçırpı döşeyin. ▶ Bunun üzerine sırasıyla biçilmiş otlar ve kuru yapraklar, mutfak atıkları, azotlu "hızlandırıcı" ve toprak ekleyin.

Her katı ıslatın ve iyice sıkıştırın.

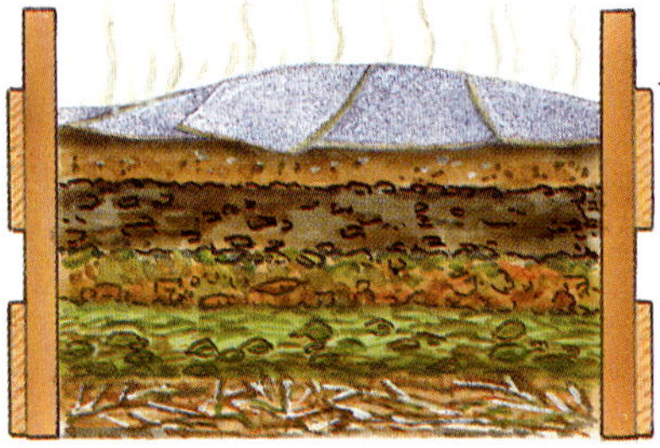

◀ Yığın 1,5 m yüksekliğe gelince ısısını koruması için üzerini eski bir kilim ya da muşambayla örtün.

Gübre yığınını arada bir ıslatarak 5-6 ay bekletin. İsterseniz bu arada bir yenisini de hazırlayabilirsiniz.

Ayrıştırıcıların yığının içindeki organik maddeleri çürütmesiyle, minerallerden yana çok zengin bir gübre oluşacaktır. Böylelikle bahçenizde sebze ya da çiçek yetiştirmek için kimyasal gübre kullanmak zorunda kalmazsınız.

Fasulye ve tohum çimlendirme

Fasulye ve çeşitli tohumları çimlendirmek kolay ve eğlenceli bir iştir, üstelik size ucuz ve sağlıklı besinler yeme olanağı verir (C vitamini bakımından zengindirler).

Gerekli malzeme

Büyük plastik kaplar

Birer avuç fasulye, börülce, mercimek gibi kuru baklagil ve maydanoz, dereotu gibi yenebilir otların tohumları

Tülbent parçaları

Sağlam paket lastikleri

Yapılışı

Kullanacağınız kapları (yoğurt kapları ya da üst bölümleri kesilmiş plastik şişeler olabilir) iyice yıkadıktan sonra içlerine fasulye ve diğer tohumları koyup üstlerine çıkacak kadar su ekleyin ve bir gece bırakın.

Tülbent parçalarını plastik kapların üzerine örtüp paket lastikleri ile sıkıca tutturun ve kapları eğerek içlerindeki suyu boşaltın. Kapları içlerindeki tohumlarla birlikte sıcak ve karanlık bir yerde bir gece bekletin. Ertesi gün yine içlerine su koyun, süzdürün ve aynı yerde bir gece daha bekletin. Bu işlemi her gün tekrarlayın.

Filizlerin 3-4 gün içinde yenebilecek boya gelmeleri gerekir. Yıkadıktan sonra salatalarınıza ve sandviçlerinize koyabilirsiniz. Besleyici ve lezzetli olduklarını göreceksiniz.

Kuş sofrası

Üzerinde sürekli olarak yiyecek bulunduracağınız bir kuş sofrası, kuşları bahçenize çekecek ve aynı zamanda uzun kış ayları boyunca açlıktan ölmemelerini sağlayacaktır. Kuşların beslenmesi ile ilgili bilgiler için 22. sayfaya bakın.

Gerekli malzeme

Yaklaşık 1,5 m uzunluğunda sağlam bir tahta sırık

40x40 cm boyutlarında, 1 cm kalınlıkta bir tahta

Çekiç, çiviler ve her biri 36 cm uzunlukta 4 çıta

Yapılışı

◀ Tahta direğin bir ucunun toprağa kolayca girebilmesi için sivriltilmesi gerekmektedir –bunu yapmasını bir büyüğünüzden isteyin.

4 çıtayı resimdeki gibi ▶ büyük tahtanın dört kenarına çivileyin. Çıtalar kuş yemlerinin rüzgârla uçup gitmesini önleyecektir.

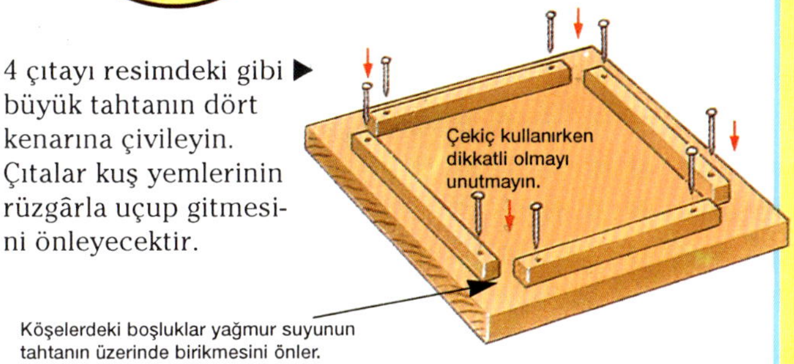

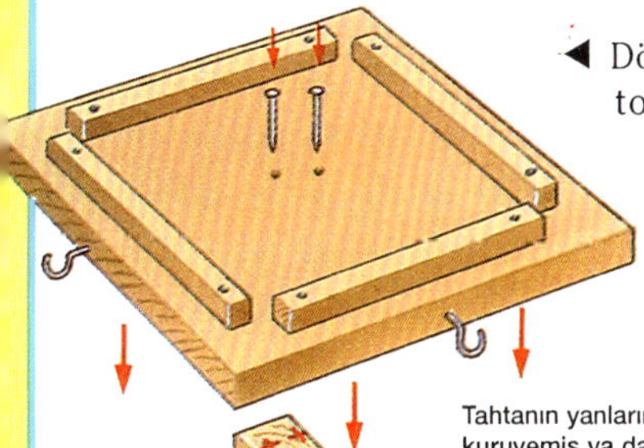

◀ Dörtköşe tahtayı sivri ucunu toprağa saplamış olduğunuz direğin üstüne çivileyin (önce tahtanın üzerinde küçük delikler açarsanız çivileri çakarken tahtanın çatlamasını önlersiniz).

Tahtanın yanlarına takacağınız kancalara içine kuruyemiş ya da başka yiyecekler koyduğunuz küçük torbalar asabilirsiniz.

Kuş sofrasını bahçede öyle bir yere koyun ki hem siz içerden kuşları izleyebilin, hem de kuşlar yaklaşan kedileri vaktinde görebilsinler.

◀ Kuş sofranıza bir de kuş banyosu ekleyebilirsiniz. İçine girebilecekleri büyüklükte su dolu bir kapta yıkanmak kuşların hoşuna gider.

Aklınızda bulunsun: Çevrede bol yiyecek bulacakları ilkbahar ve yaz aylarında kuşları bu yolla beslemeniz gerekli değildir. Yavru ve büyümekte olan kuşlar için doğal besinler ekmek kırıntıları ve yemek artıklarından daha yararlıdır.

Kuş gözlemi

Şehir içinde ve dışında kuşları gözlemek ilginç olduğu kadar zevkli bir uğraştır –öyle ki kimi zaman yaşam boyu süren bir tutkuya bile dönüşebilir.

Gerekli malzeme:

Bir dürbün (8x30 mm'lik olanlar hafiftir ve bu amaç için yeterince güçlüdür).

Gördüklerinizi not etmek ve kuşların resimlerini çizmek için bir defter, tükenmez kalem ve değişik renklerde birkaç boya kalemi.

Kuşların ötüşlerini ve kendi gözlemlerinizi kaydetmek için küçük bir teyp.

Gördüğünüz kuşları tanımanızı kolaylaştırmak için kuşlarla ilgili resimli bir kitap.

Yararlı bilgiler

Kuşların en hareketli olduğu saatler güneşin doğuşundan hemen öncekilerdir. Günbatımı da gözlem için uygundur. Buna karşılık gün ortasında pek fazla hareket göremezsiniz. Kuşlar ilkbahar ve yaz başlarına rastlayan üreme mevsiminde, yuva yaptıkları ve kuluçkaya yattıkları yaz ortalarına kıyasla daha hareketlidirler. Sonbaharda da göçmen kuşları izleyebilirsiniz.

Kuşları ararken sessiz olun, yavaş ve dikkatli yürüyün, gerektiğinde saklanın ve onları ürkütüp kaçıracak davranışlardan kaçının.

Gözlem sırasında rahat edeceğiniz bir yer bulun, sessiz ve hareketsiz durun, sabırlı olun.

Bu öğütler diğer canlıların yaşantılarını gözlemlerken de geçerlidir.

Ağaç dikimi

Bu sayfalarda ağaçlarınızı nasıl seçeceğinizi ve dikeceğinizi, daha sonra da bakımları için ne yapmanız gerektiğini okuyacaksınız. Ağaç dikmekle hem içinde yaşadığınız çevreye katkıda bulunmuş, hem de doğal yaşam için yeni bir yaşam alanı hazırlamış olursunuz. Ancak bunun zaman ve çaba gerektiren bir uğraş olduğunu da unutmayın. Ağaçlar dikildikten sonra kendi hallerine bırakılabilecekleri zamana kadar bakım isterler.

Gerekli malzeme:

Bir ya da daha çok ağaç fidanı

Ağaçlarınızı tohumdan yetiştirmeyi düşünüyorsanız birkaç saksı (ya da diplerine delikler açılmış plastik kaplar), doğal gübre, kuru ya da filizlenmiş tohumlar

Kürek ve kazma

Fidanların boyu 1 m'den fazlaysa her biri için 1,5 m uzunluğunda sağlam bir destek

Tahta kazıklar ve kümes teli

Fidanları bağlamak için kalın bir lastik

Saman, kuru yapraklar ya da yosun

Planlama

Ağaç dikiminizin başarılı sonuç vermesi için önce dikkatli bir plan yapmanız ve aşağıdaki soruları yanıtlamanız gerekiyor:

Ağaçları nereye dikeceksiniz?

Bahçeniz, sokağınız, okulunuzun bahçesi, bir park ya da yeşil alan –bunlardan birini seçebilirsiniz. Kendi bahçenizin dışındaki seçenekler için izin almanız gerekebilir. Ağaçlarınızın varlığının, yakında yaşayanlar için bir sakıncası olmadığından da emin olmalısınız.

Hangi türde ağaçlar dikeceksiniz?

Çevrenizde yetişen yani bölgesel iklim koşulları ve doğal yaşam ile uyumlu türleri seçmeniz doğru olur. Seçtiğiniz yer evlere, yollara ve yeraltı boru ya da kablolarının geçtiği yerlere yakınsa fazla boy atmayan ağaçlar dikmelisiniz. Bunların kökleri kısa olur ve çevreye zarar vermez.

Yardım istiyor musunuz?

Bu işi kendi başınıza da yapabilirsiniz ama birkaç kişinin yardımıyla daha kolay olur. Birden çok ağaç dikmek istiyorsanız ya da kamuya ait bir yer –örneğin bir park– seçtiyseniz, yerel görevlilerin yardımını isteyebilirsiniz. Bu kişiler ağaçları dikmenize yardımcı olmanın yanı sıra daha sonra bakımlarını da üstlenebilirler.

Ağacınızı nasıl seçeceksiniz?

Ağaç yetiştirmenin en doğru yolu –her ne kadar bu çok daha uzun bir süreçse de– işe tohumdan başlamaktır. Sonbaharda ve kışın çeşitli ağaçlarda yeni dökülmüş tohumları toplayıp doğal gübreli toprakla doldurduğunuz saksılara dikin ve filizlenı için baharı bekleyin. Meşe ve kayın gibi ağaçların tohumlarının hemen filizlenmesine karşılık diğerle için aradan bir yıl geçmesi gerekebilir.

Meşe palamutu – Avrupa, Asya ve Kuzey Amerika'da yetişen meşe ağacının tohumu ▶

◀Kayın ağacının tohumu ve tohum kılıfı – vatanı Avrupa olan kayın, Asya ve Kuzey Amerika'da da yaygındır.

Vatanı Avustralya olan okaliptüs ağacının ▶ tohum kapsülü

Bir sera ya da fidanlıktan alacağınız bir fidanı da dikebilirsiniz. Bu size biraz pahalıya gelebilir ama bu yöntemle daha çabuk sonuç alınır.

Fidan seçerken şunlara dikkat edin:

Dengeli bir dal dağılımı

Sağlam görünüşlü dik bir gövde

Bol miktarda sağlıklı kök (taşıma ve dikme sırasında kökleri nemli tutun)

Fidan ne kadar küçükse taşınması o kadar kolay olur, üstelik daha da hızlı büyür.

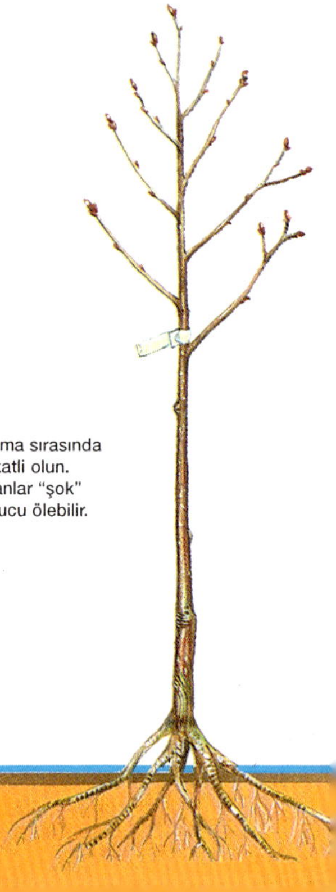

Taşıma sırasında dikkatli olun. Fidanlar "şok" sonucu ölebilir.

Nasıl dikeceksiniz?

Ağacınızı tohumdan yetiştirmeyi seçtiyseniz, fidanın boyu 10-12 cm'yi bulduğu zaman artık dışarıya dikebilirsiniz. Fidanınızın uzunca bir süre dış etkenlerden korunması gerektiği için rüzgâr ya da kızgın güneş alan bir yer seçmemeye dikkat etmelisiniz.

▲ Kullandığınız saksının büyüklüğünde bir çukur kazın ve fazla suyun süzülebilmesi için çukurun dibindeki toprağı gevşetin. Fidanı toprağı ile birlikte saksıdan çıkarın, çukurun içine yerleştirin ve hep nemli kalmasına dikkat edin.

Gerekirse çevresine resimdeki gibi bir çit yapın.

Daha büyük bir fidan dikecekseniz çukuru ▶ daha dikkatli bir biçimde hazırlamanız gerekir. Fidanınızın boyu 1 m'den kısaysa destek kullanmayabilirsiniz.

Toprakta köklerin genişliği kadar bir yeri kazın. Fidanı çukurun içine oturttuğunuzda, gövde ile köklerin birleştiği nokta olan yakanın toprakla aynı hizada olacağı derinliğe kadar kazmayı sürdürün.

Çukurun dibindeki toprağı, kazmanın yardımıyla gevşetin.

Bir ucunu sivrilttiğiniz kazığı çukurun dibinden yaklaşık 30 cm daha derine inecek biçimde toprağa çakın.

Köklerini iyice ıslattığınız fidanı dikkatle çukurun içine yerleştirin. Çukura biraz toprak atın. Her iki-üç kürekte bir durup, ▶ toprağın köklerin altına ve aralarına girebilmesi için fidanı hafifçe silkeleyin.

Ayağınızla bastırarak toprağı ▶ sıkıştırın. Biraz daha toprak koyun ve tekrar sıkıştırın. Çukur tümüyle dolana kadar bu işlemi sürdürün.

Bir lastik parçası kullanarak fidanı kazığa bağlayın ve çevresindeki toprağı iyice sulayın. Toprağı saman ya da kuru otla örtün –bunlar toprağın kurumasını ve yabani otların çıkmasını engeller.

▼

Fidanınızı çim biçme makinesi ya da otlanan hayvanlardan korumak için çevresine resimdeki gibi bir çit yapabilirsiniz.

Ağacınızın bakımı

İlk birkaç yıl, ağacınız ilgi ve bakım ister.

Ağacınızı bir parka diktiyseniz çevredekilerle konuşup ağacınızla ilgilenmelerini sağlayabilirsiniz.

Özellikle yağışsız dönemlerde ağacınızı sulamayı ihmal etmeyin.

Ağacın dibinde yetişen ve toprağındaki su ve minerallere ortak olan yabani bitkileri temizleyin, ama sakın kimyasal ilaçlar kullanmayın.

Ağacı kazığa bağlamakta kullandığınız lastiği sık sık kontrol edin, kırılmış ya da eğrilmişse kazığı değiştirin, koruyucu çiti onarın.

Ağacınızı seçerken, dikerken ve bakımını yaparken özen göstermeniz gerektiğini unutmayın. Canlı ve karmaşık organizmalar olan ağaçlar kolaylıkla zedelenir ve ölürler. Doğru biçimde dikilir ve bakılırlarsa hem insanların göz zevkini okşar, hem de doğal yaşam için barınak olurlar.

Gelişmiş bir meşe ağacı

Gelişmiş bir kayın ağacı

Gelişmiş bir okaliptüs ağacı

Geri dönüşümlü kâğıt yapımı

Gerekli malzeme:

- Eski gazeteler
- Bir parça çok ince delikli tel
- Birkaç emici bez
- Plastik kova ve leğen
- Tahta kaşık ya da mutfak robotu
- Toz boya (renkli kâğıt yapmak için)
- Naylon poşet
- Ağırlık (örneğin kalın kitaplar)

Yapılışı

Eski gazeteleri kovaya koyun, su ekleyerek bir gece bekletin. Ertesi gün suyu süzün ve ıslak gazeteleri tahta kaşıkla ezerek hamur haline getirin (bu işlemi mutfak robotunda da yapabilirsiniz, ama kullanmak için izin isteyin ve işiniz bittiği zaman temizleyin). Kâğıdınızın renkli olmasını istiyorsanız boya katabilirsiniz.

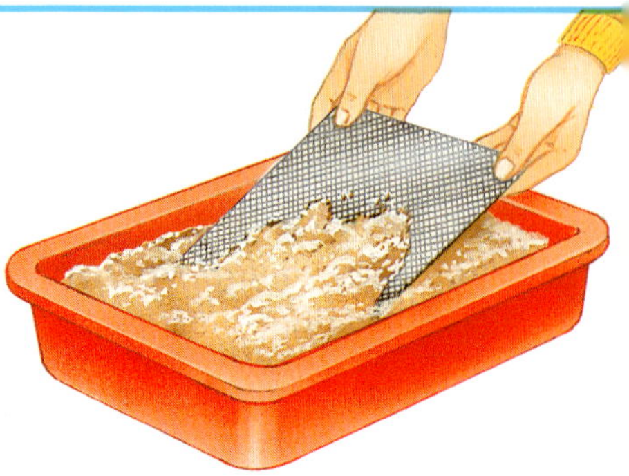

Kâğıt hamurunu leğene koyun ve eşit ölçüde su ekleyip karıştırın. Teli karışımın içine sokup üzerinde kalan hamurla birlikte çıkarın.

Minyatür sebze bahçesi

Gerekli malzeme

- Plastik yoğurt kapları
- Doğal gübreli toprak
- Maydanoz, turp, nane, taze soğan gibi bitkilerin tohumları

Yapılışı

Temiz yoğurt kaplarını üstlerinde 1 cm boşluk kalana kadar gübreli toprakla doldurun ve toprağı bastırarak sıkıştırın. Tohumları 1 cm derinliğe gömün ve sulayın. Kapları mutfak penceresinin önüne (ya da bol ışık alan başka bir yere) koyun ve haftada bir ya da iki kez sulayın. Nane ve maydanoz gibi kokulu otlar gerektiğinde makasla kesilip yemeklere katılabilir, taze soğan ve turpları da topraktan çıkarıp yıkadıktan sonra salatalarda kullanabilirsiniz. İsterseniz daha sonra dereotu ve kekik gibi başka kokulu otlar ve domates de yetiştirebilirsiniz.

Kendi çevreci grubunuzu kurun

Çevre için özellikle yapmak istediğiniz bir şey varsa, bu amaçla bir grup kurabilirsiniz. Burada kullanılmayan, bakımsız bir toprak parçasını küçük bir parka dönüştürmek için neler yapılması gerektiğini anlatacağız (bu konuya 25. sayfada kısaca değinmiştik).
Önce arkadaşlarınızla konuşup bu projeye katılmak isteyip istemediklerini öğrenin. Daha sonra çevredeki okul ve kütüphane gibi yerlere asacağınız ilanlar aracılığı ile ne yapmayı düşündüğünüzü ve bu projeyle ilgilenenlerin size nasıl ulaşabileceklerini belirtin.

Tartışılacak konuları ve projeyle ilgili çeşitli görüşleri not ederek grubunuzun ilk toplantısı için hazırlık yapın. Size yol gösterebilecek bir uzmanı da toplantıya çağırmanız yararlı olur.

Toplantıların belli bir düzen içinde sürdürülebilmesi için bir başkan, alınan kararlara ilişkin notlar tutmak ve grup üyelerini gelecekteki etkinliklerden haberdar etmek için bir sekreter ve toplanan paralar ile yapılan harcamaların kayıtlarını tutmak için bir muhasebeci seçin. İlk toplantınızda ele alınması gereken konulara ilişkin önerileri aşağıda bulacaksınız:

1. Park için seçtiğiniz yerin kime ait olduğunun saptanması ve izin alınması.
2. Tohum, fidan ve diğer gerekli malzemenin satın alınması için para toplanması (bu amaçla ufak-tefek işler yapabilir ya da çevrede yaşayanlar arasında bir yardım kampanyası düzenleyebilirsiniz).
3. Yerel makamların ya da çevreci grupların size ne ölçüde yardımcı olabileceklerini ve bazı bahçe aletlerini ödünç verip veremeyeceklerini öğrenin.

Temiz, düz bir yere bir bez serin ve teli, kâğıt hamurunun bulunduğu yüzey alta gelecek biçimde çabucak bunun üzerine koyun. İyice bastırın ve hamur beze yapışınca kaldırın. Hamurun üzerine ikinci bir bez örtüp tekrar bastırın.

Leğendeki hamur bitene kadar bir kat hamur, bir kat bez koyarak bu işlemi tekrarlayın. En üste naylon poşeti koyun ve ağırlık yapması için kitapları üst üste dizin.

Birkaç saat sonra kâğıtları dikkatle bezlerden ayırın ve iyice kurumaları için eski gazete ya da kâğıt havluların üzerine serin. Yeni kâğıtlarınız artık kullanılmaya hazırdır.

Her üyenin ne yapacağını kararlaştırın ve gelecek toplantının tarihini saptayın.

Başka insanların da projenizle ilgilenmelerini sağlamaya çalışın. Bunun için grup üyelerini yerel gazetelere mektuplar yazmak ya da okul, kütüphane gibi yerlere afişler asmakla görevlendirin. Yaptığınız işin çevreye ve doğal yaşama ne gibi yararlar sağlayacağını anlatın.

Bir kanal temizleme projesiyle ilgili afiş. Mini-park projeniz için buna benzer bir afiş hazırlamayı deneyin.

Parkın yapımına başlamadan önce belli aralıklarla toplanıp hazırlık çalışmalarınızın hangi aşamaya geldiğini saptayın. Parkın bir planını yaparak küçük bir göl (36-37. sayfalar), bir yeşil alan (23. sayfa) ve ağaçlar (40-41. sayfalar) için yer olup olmadığına karar verin. Seçtiğiniz arazinin üzerinde temizlenmesi gereken çöpler varsa bu konuda yerel makamlardan yardım isteyin.

Şimdi parkın yapımına başlayabilirsiniz

1. Toprağın üzerindeki çöp, kırık tuğla, kiremit ve benzeri şeyleri temizleyin.

2. Toprak kıraçsa bir sera ya da fidanlıktan iyi cins toprak getirtin. İki toprağı birbirine karıştırın.

3. Alttaki toprağı çapalayıp kabarttıktan ve iyi toprakla karıştırdıktan sonra çim, çeşitli otlar ve kır çiçekleri ekin.

4. Yaşadığınız bölgede doğal olarak yetişen bitkiler kullanmaya dikkat edin –bu şekilde, doğal yaşam çok daha çabuk gelişecektir.

Her şey ekildikten sonra bir süre daha parkınızda çalışmayı sürdürmeniz, örneğin atılan kâğıt ve benzeri şeyleri toplamanız ve toprağı sulamanız gerekebilir. Her şey yoluna girdikten sonra ortaya çıkan sonucun tüm bu emeklere değdiğini göreceksiniz.

Böyle projeler için kendi grubunuzu kurma olanağınız yoksa çevreci kuruluşların etkinliklerine katılabilirsiniz. Bu tür kuruluşların bazılarının belli yerlerde etkinlikler düzenleyen yerel grupları vardır ve bunlar yeni üyeler kazanmaktan her zaman mutluluk duyarlar (çevreci kuruluşların adreslerini bunu izleyen sayfalarda bulacaksınız).

Yararlı adresler

Aşağıda dünya çapında etkinlik gösteren çevreci örgütler ve çevre koruma kuruluşlarının adreslerini bulacaksınız. Bunların bir bölümü çevre konusunda insanları bilgilendirmenin yanı sıra, yöneticileri, kamuoyunu ve iş çevrelerini yönlendirme amacıyla kampanyalar düzenlemekte, diğerleri ise var olan doğal yaşam alanlarının korunması ve yenilerinin oluşturulması gibi etkinlikler yürütmektedirler. Bu kuruluşların çoğunun sizin de katılabileceğiniz yerel grupları bulunmaktadır.

Uluslararası kuruluşlar

Friends of the Earth (FOE) – Doğal yaşam ve doğal yaşam alanlarının korunması amacına yönelik kampanyalar düzenler, yerel, ulusal ve uluslararası düzeylerde çevre koruma etkinlikleri yürütür. Earth Action adını taşıyan bir gençlik kolu vardır.
26-28 Underwood Street, London N1 7JQ, İngiltere

World-Wide Fund for Nature (WWF) – Doğal yaşamın ve doğal yaşam alanlarının korunması için dünya çapında kampanyalar düzenler ve doğal kaynakların önemi konusunda aydınlatıcı eğitim programları hazırlar.
Panda House, Weyside Park, Godalming, Surrey GU7 1XR, İngiltere

Intermediate Technology – Az gelişmiş ülkelerde kırsal alanda yaşayan yoksul halkın gereksinimlerine uygun teknoloji kullanarak yaşam koşullarının düzeltilmesi için çalışır, insanları kendi olanaklarını en iyi biçimde değerlendirmeye yönlendirir.
103-105 Southampton Row, London WC1B 4HH, İngiltere

Greenpeace – Barışçı yöntemler kullanmasına karşın doğrudan müdahaleye dayanan eylemleri ile tanınır. Balinaların kurtarılması (bkz. karşı sayfa), nükleer silahlanmaya son verilmesini sağlamak, asit yağmurunu önlemek ve Antarktika'yı korumak gibi amaçlara yönelik kampanyalar düzenler.
30-31 Islinton Green, London N1 8XE, İngiltere

Oxfam – Yoksul ülkelerde tarım, sağlık hizmetleri ve toplumsal koşulların düzeltilmesi amacına yönelik uzun dönemli programlar uygular, kuraklık, kıtlık ve benzeri olağanüstü durumlarda bölgesel acil yardım sağlar.
274 Banbury Road, Oxford OX2 7DZ, İngiltere

Survival International – Dünyanın çeşitli bölgelerindeki yerli halkların ve içinde yaşadıkları çevrelerin korunmasını amaçlayan kampanyalar düzenler. Varlıklarını tehdit eden koşulların ortadan kaldırılması ve insan olarak sahip oldukları hakların tanınması için savaşır.
310 Edgware Road, London W2 1DY, İngiltere

Yerel gruplar nasıl bulunur?

Yaşadığınız yerdeki çevreci bir grupla bağlantı kurmak için telefon rehberinde "çevre koruma kuruluşları" ya da "çevreci kuruluşlar" gibi başlıkların altına bakabilirsiniz. Ama bunun en iyi yolu çevreci örgütlerin merkezlerine mektup yazarak yaşadığınız yerde şubeleri olup olmadığını sormaktır (aşağıda bunların bir bölümünün adreslerini bulacaksınız).

Ulusal kuruluşlar

Bu kuruluşlar çevrenin ve doğal yaşamın korunması başta olmak üzere çok çeşitli alanlarda etkinlikler yürütürler. Büyük bir bölümünün yerel grupları bulunmaktadır. Böyle bir gruba katılmak istiyorsanız aşağıda adresleri verilen kuruluşların herhangi birine yazarak çalışmaları konusunda ayrıntılı bilgi isteyebilirsiniz.

Av ve Yaban Hayatı Koruma, Geliştirme ve Tanıtma Vakfı
Çevre Sok. 40 B/1 06680 Çankaya/Ankara

Çevre Koruma ve Araştırma Vakfı (ÇEV-KOR)
Eşrefpaşa Cad. 268/801 Eşrefpaşa 35270 İzmir
(232) 250 08 63

Çevre Koruma ve Yaşatma Derneği (ÇEKO)
Cumhuriyet Cad. 13/10 77100 Yalova
(226) 814 19 34

Çevre ve Kültür Değerlerini Koruma ve Tanıtma Vakfı (ÇEKÜL)
Ekrem Tur Sok. No: 8 Beyoğlu 34435 İstanbul
(212) 252 54 45

Deniz Kaplumbağaları ve Doğal Hayatı Koruma Derneği
Gözsüzce Köyü, Bozyazı/İçel
(324) 865 01 09

Doğa Derneği
Meşrutiyet Cad. Bayındır 2 Sok. 48/7 Kızılay/Ankara
(312) 418 49 73

Doğal Hayatı Koruma Derneği (DHKD)
Büyük Postane Cad. No: 43-45 Bahçekapı/İstanbul
(212) 528 20 30
Anafartalar Cad. No: 17/5 Ulus/Ankara
(312) 310 28 45

Ekoloji ve Çevre Dostları Derneği
Seyit Ömer Mah. Cevdet Paşa Cad. 48/4
Fındıkzade İstanbul

Doğayı ve Çevreyi Koruma Derneği
Gazi Cad. İzzetpaşa Pasajı 9 23100 Elazığ
(424) 218 12 98

Greenpeace Akdeniz - Türkiye
PK MBE 105-109 Salıpazarı 800400 İstanbul
(212) 292 76 19

Kırsal Çevre ve Orman Sorunları Araştırma Derneği
P.K. 210 Kavaklıdere 06693 Ankara
(312) 467 55 90

Kültürel ve Doğal Yaşamı Koruma Derneği
P.K. 28 Silifke 33940 Mersin
(324) 714 96 07

Türkiye Çevre Eğitim Vakfı (TÜRÇEV)
G.M.K. Bulvarı 121/12 Maltepe 06570 Ankara
(312) 232 30 96

Türkiye Çevre Koruma ve Yeşillendirme Kurumu
Mühürbağı Sok. 6 Kadıköy/İstanbul
(216) 338 00 17

Türkiye Çevre Vakfı (TÇV)
Tunalı Hilmi Cad. 50/20 Kavaklıdere 06660 Ankara
(312) 425 55 08

Türkiye Erozyonla Mücadele, Ağaçlandırma ve Doğal Varlıkları Koruma Vakfı (TEMA)
Çayır Çimen Sok. Emlâk Kredi Blokları
A2 Blok 10 Levent 80620 İstanbul
(212) 283 78 16

Türkiye Tabiatını Koruma Derneği (TTKD)
Menekşe Sok. 29/4 Kızılay 06440 Ankara
(312) 425 19 44

Ulusal Doğa ve Kültür Belgeselleri Derneği
Serçeönü Mah. Ahmetpaşa Cad. No: 26 Kat: 2/19
Kocasinan/Kayseri

Yeşil Barış – Balinalar için verilen savaş

Greenpeace (Yeşil Barış) adlı örgütün, 1970'lerde dünya kamuoyunun ilgisini nesli tükenmek üzere olan balinalara çekmek amacıyla başlattığı bir dizi eylem, çevreci gruplar tarafından girişilen kampanyalar arasında en ünlüsüdür. Bazı balina türlerinin avlanma sonucu yok olmanın eşiğine gelmiş olduğunun bilinmesine karşın, balina avcılığı olanca hızıyla sürmekteydi. Lastik botlarla denize açılan Yeşil Barış eylemcileri, av gemilerinin yollarını keserek avlanmalarına engel oldular. Basın tarafından görüntülenen bu eylem, gazeteler ve televizyon haberleri aracılığıyla, tüm dünyada milyonlarca insan tarafından duyuldu. Basının bu eylemlere geniş yer vermesi üzerine, dünya kamuoyunda balina avının yasaklanması yolunda güçlü bir akım başladı. 1982 yılında Uluslararası Balinacılık Komisyonu balina avının 1985'ten başlamak üzere beş yıl süre ile yasaklanması yolunda bir karar aldı. Her ne kadar kimi ülkeler bu karara karşın avlanmayı sürdürdülerse de avlanan balina sayısında önemli bir düşüş oldu. 50 milyon yıl boyunca denizleri bizimle barış içinde paylaşmış olan balinaların yaşam hakkını savunan Yeşil Barış örgütü, balina avcısı ülkelere karşı eylemlerini bugün de sürdürmektedir.

Şişme botlarıyla av gemilerinin önüne çıkan Yeşil Barış eylemcileri, kendilerini balinalara siper ederek onları zıpkınlanmaktan kurtardılar.

"Yeşilci" partiler

Pek çok insan, eğer kendimizi ve üzerinde yaşadığımız gezegeni ürkütücü bir gelecekten korumak istiyorsak, hepimizin yaşam biçimimizde bazı değişiklikler yapmamız gerektiğini düşünmektedir. Dünyanın birçok ülkesinde bu görüşü savunan ve "yeşilci" olarak tanımlanan siyasi partiler kurulmuş olup bunların birçoğu kendi ulusal meclislerinde temsil edilmeyi başarmışlardır. Örneğin eski Batı Almanya'nın "die Grünen" (Yeşiller) adlı çevreci partisi, toplam 520 temsilciden oluşan mecliste sahip olduğu koltuk sayısını, 1987 seçimlerinde 27'den 42'ye yükseltmiştir.

Yeşilci partiler politik alanda var olan "sol, merkez, sağ" seçeneklerine alternatif olarak ortaya çıkmışlardır. Programlarında, doğal kaynakların gelişmiş ve gelişmekte olan ülkeler arasında daha eşit biçimde paylaşılması görüşüne yer vermelerinin yanı sıra uzun dönemde yeni ve daha iyi bir toplumun oluşmasını hedeflemektedirler. Yeşilcilere göre, ülkeleri yöneten kişiler izleyecekleri siyaseti saptarken en başta insana, çevreye ve yaşam düzeyinin yükseltilmesine öncelik tanımak zorundadırlar.

Sözlük

Ağaç kıyımı: Tarım ve yerleşim alanları açmak ya da kereste ve yakıt sağlamak üzere çok sayıda ağacın kesilmesi.

Asit yağmuru: Fabrika bacalarından ve taşıtların egzoz borularından çıkarak havaya karışan zehirli kimyasal maddelerin, yağmur ya da karla birlikte yeryüzüne inmesi. Asit yağmuru, başta ağaçlar ve tatlı suda yaşayan hayvan ve bitkiler olmak üzere birçok canlının ölmesine, insanların hastalanmasına, yapıların hasar görmesine neden olur.

Avlanma alanı: Bir ya da daha çok sayıda hayvanın yaşadığı ve aynı türden olanlar başta olmak üzere diğer hayvanlara karşı savunduğu bölge.

Ayrıştırıcılar: Ölü hayvan ve bitkilerin çürümesini ve içerdikleri minerallerin toprağa karışmasını sağlayan organizmalar.

Besin zinciri: Her biri kendisinden sonraki tarafından yendiği için aralarında beslenmeye dayanan bağlantılar bulunan canlılardan oluşan zincir. Besin zincirlerinde enerji bir **beslenme düzeyinden** diğerine geçer. Bir **ekosistem** içinde yer alan tüm besin zincirleri birleşerek çok daha karmaşık nitelikteki **besin ağını** oluştururlar.

Beslenme düzeyleri: Bir **besin zinciri** içinde yer alan ve besinlerini (dolayısıyla da enerjilerini) benzer kaynaklardan sağlayan canlıları içeren farklı düzeyler.

Birbirini izleme: **Doruk topluluğu** oluşana kadar, bir bölgedeki bitki ve hayvan topluluklarının birbirinin yerine geçmesi.

Biyom: Yeryüzündeki karaların gruplandırılmasına yarayan büyük ekosistemlerin her biri. Her biyom kendine özgü **iklim** koşullarına sahip olan bir bölgenin **doruk topluluğudur**.

Çölleşme: Kırsal alanda genellikle hayvanların otlatılması için kullanılan **düşük verimli toprağın** aşırı otlatma, yanlış sulama ya da **iklim** değişmeleri gibi nedenlerle çöle dönüşmesi.

Doğal seçilim: İlk kez Charles Darwin tarafından öne sürülen evrimsel süreçler teorisi. Darwin'e göre, belli bir türü oluşturan bireyler arasında sadece çevreye en iyi biçimde **uyum sağlayanlar** varlıklarını sürdürebilirler. Bu uyumu olanaklı kılan fiziksel ve diğer değişimler sonraki kuşaklarda kalıcı özellikler olarak ortaya çıkar; böylelikle de sözkonusu tür genel anlamda "uyum sağlamış" olur.

Doruk topluluğu: İklim ve çevre koşullarında bir değişme olmadığı sürece varlığını herhangi bir değişime uğramadan sürdüren **topluluk**.

Düşük verimli toprak: Güçlükle işlenebilen ya da ancak hayvan otlatmaya yarayan toprak.

Ekolojik konum: Bir canlının ait olduğu **ekosistem** içinde, gerek beslenme biçimi gerekse diğer canlılarla arasındaki bağlantılar açısından işgal ettiği yer.

Ekosistem: Belli bir **yaşam alanındaki** hayvan ve bitki **topluluğu** ile bu topluluğun içinde yaşadığı çevreden oluşan, aralarında madde alışverişi olan ve büyük ölçüde kendi kendine yeterli olan ekolojik sistem.

Evrim: Canlıların milyonlarca yıl içerisinde geçirdikleri değişim süreci.

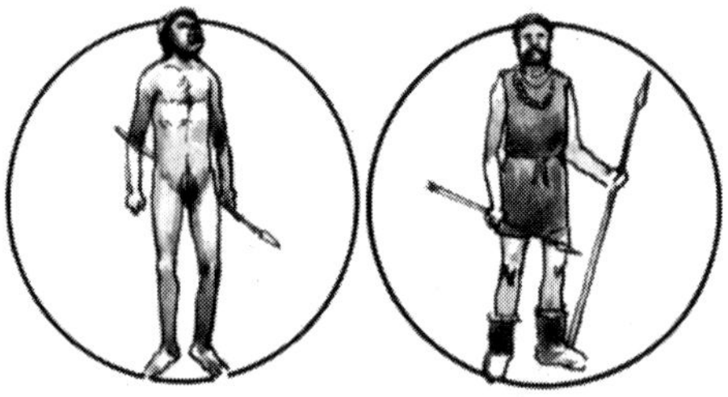

Fotosentez: Bitkilerin güneş ışığından yararlanarak su ve karbon dioksiti besine (karbonhidratlara) dönüştürmeleri.

Genetik mühendisliği: İnsana yararlı organizmalar üretilmesi amacıyla genlerin değişime uğratılması. Genler bir organizmanın temel özelliklerini belirleyen genetik bilgileri taşır.

İklim: Bir bölgeye özgü ısı, rüzgâr, nem oranı ve benzeri hava koşullarının uzun yıllara ait ortalama değeri.

Kamuflaj: Bir bitki veya hayvanın, renk ya da desen değiştirerek çevresine benzemesi veya diğer bir canlının görünümünü alması (taklit).

Kirlenme: Bir bölgenin ve oradaki doğal çevrimlerin yapay maddeler (ya da olağandışı bir biçimde çoğalan doğal maddeler) tarafından kirletilmesi ve bu durumun yol açtığı sorunlar.

Kloroflorokarbonlar (CFC): Basınçlı (püskürtmeli) kutular, buzdolaplarında kullanılan soğutucu gazlar ve polistiren yapımında yararlanılan ve atmosferdeki **ozon tabakasının** incelmesine neden oldukları sanılan klor bazlı kimyasal bileşikler.

Nesli tükenme: Bir türü oluşturan bireylerin sayısının giderek azalması ve sonuçta o türün tümüyle ortadan kalkması.

Nöbetleşe ekim: Dört ya da beş yıllık bir süre boyunca, aynı toprak parçasında, her yıl belli özellikleri için seçilen farklı ürünlerin yetiştirilmesine dayanan tarım yöntemi. Bu yolla topraktaki minerallerin tükenmesi ve bitki zararlılarının üremesi önlenir.

Organik: Bir organizmanın bir bölümünü oluşturan ya da geçmişte oluşturmuş olan (yapısında karbon elementi bulunan) madde.

Organik tarım: Organik hayvansal gübre kullanımı, bitki zararlılarına karşı doğal yollarla mücadele ve **nöbetleşe ekim** gibi doğal çevrimleri bozmayan yöntemlerle yapılan tarım.

Ozon tabakası: Atmosferin ozon gazı içeren ve güneşin zararlı morötesi ışınlarını süzen katmanı. İnsan yapımı birtakım gazların ozon tabakasının incelmesine yol açtığı düşünülmektedir.

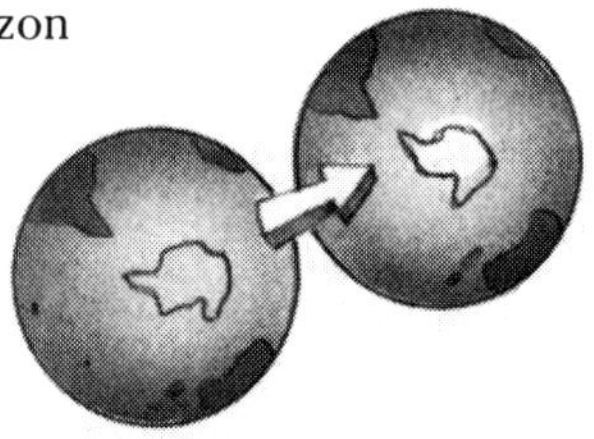

Sera etkisi: Güneş ısısının atmosferdeki gazlar tarafından tutulması sonucunda ortaya çıkan aşırı ısınma. Karbon dioksit ve diğer birtakım gazların giderek artan miktarlarda havaya karışması, dünyanın sıcaklığının artmasına neden olmaktadır.

Sulama: Tarım arazilerinin kanallar açma ve çeşitli diğer yöntemlerle sulanması. Yanlış yapılan sulama, toprağın üst katmanında aşırı tuz birikmesi ve buna bağlı olarak da toprağın veriminin düşmesi ile sonuçlanabilir.

Sürdürülebilir gelişme: Doğal çevrimleri bozmayan ve ekolojik dengeye zarar vermeyen yöntemlerin kullanımı.

Topluluk: Belli bir **yaşam alanındaki** hayvan ve bitkiler.

Toprak erozyonu: **Yoğun tarım**, **ağaç kıyımı** ve yanlış **sulama** gibi nedenlerle gevşeyen toprağın verimli üst katmanının, rüzgâr ve yağmurun etkisiyle giderek incelmesi.

Tüketiciler: Diğer organizmalarla beslenen organizmalar.

Uygun teknoloji: Kullanılan alet, makine ve yöntemlerin onları kullanacak kişilere uygun olması (örneğin yakıt ve yedek parçaların bulunmadığı yerlerde toprağın traktör yerine el aletleriyle işlenmesi).

Uyum sağlama: Canlıların kendilerini çevre koşullarına uydurmaları ve bu süreçte geliştirdikleri tüm özellikler (örneğin kaktüsün yaprakları su kaybını önlemek için iğne şeklini almıştır).

Üreticiler: Basit maddelerden **fotosentez** yoluyla besin üreten yeşil bitkiler. Bunlar tüm **besin zincirlerinin** temelini oluştururlar.

Yaşam alanı: Belli bir hayvan ve bitki **topluluğunu** barındıran küçük ya da büyük bölge.

Yenilenebilir enerji: Güneş ışınları, rüzgâr ya da dalgalar gibi tükenmeyen kaynaklardan sağlanan enerji.

Yoğun tarım: Toprağın verimini artırmak için yapay gübre ve kimyasal ilaçlar kullanılmasına ve aynı tarlada her yıl aynı ürünün yetiştirilmesine dayanan tarım. Bu yöntemlerin toprağın verimini düşürme ve dolayısıyla doğal çevrimleri bozma gibi olumsuz etkileri görülür.

DİZİN

TÜBİTAK POPÜLER BİLİM KİTAPLARI

	1) Hayatın Kökleri	Mahlon B. Hoagland
	2) İkili Sarmal	James D. Watson
	3) Bir Matematikçinin Savunması	G. H. Hardy
	4) Modern Bilimin Oluşumu	Richard S. Westfall
	5) Genç Bilim Adamına Öğütler	P. B. Medawar
	6) Üniversite	Henry Rosovsky
	7) Rastlantı ve Kaos	David Ruelle
	8) Büyük Bilimsel Deneyler	Rom Harré
	9) Bilimin Öncüleri	Cemal Yıldırım
	10) Çok Geç Olmadan	Bernard L. Cohen
	11) İlk Üç Dakika	Steven Weinberg
	12) Fizik Yasaları Üzerine	Richard Feynman
	13) Bir Mühendisin Dünyası	James L. Adams
	14) Modern Çağ Öncesi Fizik	J. D. Bernal
	15) Kaos	James Gleick
☆	16) Bilimsel Gaflar	Billy Aronson
	17) Sorgulayan Denemeler	Bertrand Russell
	18) Bir Gölgenin Peşinde (Rakamların Evrensel Tarihi I)	Georges Ifrah
	19) Gen Bencildir	Richard Dawkins
☆	20) Tuhaf Bu DNA'lılar	Billy Aronson
	21) Yıldızların Zamanı	Alan Lightman
	22) Gezegenler Kılavuzu	Patrick Moore
	23) Çakıl Taşlarından Babil Kulesine (R.E.T. II)	Georges Ifrah
	24) Dr. Ecco'nun Şaşırtıcı Serüvenleri	Dennis Shasha
	25) Gündelik Bilmeceler	P. Ghose - D. Home
	26) 107 Kimya Öyküsü	L. Vlasov - D. Trifonov
☆	27) Ayak İzlerinin Esrarı	B. B. Calhoun
	28) Akdeniz Kıyılarında Hesap (R.E.T. III)	Georges Ifrah
	29) Teknolojinin Evrimi	George Basalla
☆	30) Vücudunuz Nasıl Çalışır?	J. Hindley - C. King
☆	31) Dünya ve Uzay	S. Mayes - S. Tahta
	32) Uzak Doğu'dan Maya Ülkesine (R.E.T. IV)	Georges Ifrah
	33) Modern Araştırmacı	J. Barzun - H. F. Graff
	34) Eski Yunan ve Roma'da Mühendislik	J. G. Landels
	35) Alıç Ağacı ile Sohbetler	Hikmet Birand
	36) Matematiğin Aydınlık Dünyası	Sinan Sertöz
	37) Bilimin Arka Yüzü	Adrian Berry
	38) Ortaçağda Endüstri Devrimi	Jean Gimpel
	39) Olağandışı Yaşamlar	Gould - Gould
	40) Darwin ve Beagle Serüveni	Alan Moorehead
	41) Buluş Nasıl Yapılır?	B. E. Shlesinger
	42) Sıfırın Gücü (R.E.T. V)	Georges Ifrah
	43) Şaşırtan Varsayım	Francis Crick
	44) Sulak Bir Gezegenden Öyküler	Sargun A. Tont
	45) Anılarım	Ernst E. Hirsch
	46) Evrenin Kısa Tarihi	Joseph Silk
	47) Gökyüzünü Tanıyalım	M. E. Özel - A. T. Saygaç
	48) Bilim ve İktidar	F. Mayor - A. Forti
	49) Matematik Sanatı	Jerry P. King
	50) Türkiye'nin Tarihi	Seton Lloyd
	51) Galileo ve Newton'un Evreni	William Bixby
	52) Bilgisayar ve Zekâ (Kralın Yeni Usu I)	Roger Penrose
	53) Göl İnsanları	R. Leakey - R. Lewin
	54) Katla ve Uçur	Richard Kline
★	55) Bilimsel Deneyler	Jane Bingham
	56) Bunu Ancak Dr. Ecco Çözer	Dennis Shasha
☆	57) Ona Kısaca DNA Denir	F. Balkwill - M. Rolph
☆	58) Sen Ben Gen	F. Balkwill - M. Rolph
☆	59) Biz Hücreyiz	F. Balkwill - M. Rolph
☆	60) Hücre Savaşları	F. Balkwill - M. Rolph
★	61) Astronomi	Stuart Atkinson
	62) Modern İnsanın Kökeni	Roger Lewin
★	63) Bilim Adamları	S. Reid - P. Fara
★	64) Ekoloji	Richard Spurgeon
★	65) Atom ve Molekül	P. R. Cox - M. Parsonage
☆	66) Bir Zamanlar	M. J. Mc Neil - C. King
	67) Anadolu Kültür Tarihi	Ekrem Akurgal
	68) Bir Yeşilin Peşinde	Asım Zihnioğlu
☆	69) Beyin	Rebacca Treays
★	70) Makineler	Clive Gifford
★	71) Depremler ve Yanardağlar	Fiona Watt
	72) Hint Uygarlığının Sayısal Simgeler Sözlüğü (R.E.T. VII)	Georges Ifrah
★	73) İnternet	Philippa Wingate
☆	74) Işık Evreni	David Phillips
☆	75) Akıl Kutusu	S. Rose - A. Lichtenfels
☆	76) Uzay Denen O Yer	Helen Sharman
☆	77) Mavi Gezegen	Brian Bett
☆	78) Uydular	Mike Painter
★	79) Yaşadığımız Gezegen	Fiona Watt
☆	80) Havada Karada Suda	K. Little - A. Thomas
☆	81) Çarpım Tablosu	Rebecca Treays
★	82) Denizler ve Okyanuslar	Felicity Brooks
★	83) Hava ve İklim	F. Watt - F. Wilson
☆	84) Kutuplarda Yaşam	Kamini Khanduri
	85) Karanlık Bir Dünyada Bilimin Mum Işığı	Carl Sagan
★	86) Mucitler	S. Reid - P. Fara
★	87) Her Yönüyle Otomobiller	Clive Gifford
☆	88) Kesirler ve Ondalık Sayılar	Karen Bryant-Mole
★	89) Her Yönüyle Uçaklar	Clive Gifford
	90) İslâm Dünyasında Hint Rakamları (R.E.T. VII)	Georges Ifrah
☆	91) Çarpma ve Bölme	Karen Bryant-Mole
☆	92) Tablolar ve Grafikler	Karen Bryant-Mole
★	93) Her Yönüyle Tekneler	Christopher Maynard
★	94) Bilgisayarlar	Rebecca Treays
	95) Fiziğin Gizemi (K.Y.U. II)	Roger Penrose
	96) Bir Sayı Tut	Malcolm E. Lines
★	97) Kâşifler	F. Everett - S. Reid
★	98) Enerji ve Güç	Richard Spurgeon - Mike Flood
	99) Kırılgan Nesneler	P. G. de Gennes - J. Badoz
	100) Hayvanların Sessiz Dünyası	Marian Stamp Dawkins
☆	101) Kaybolan İpucu	B. B. Calhoun
★	102) Mikroskop	Chris Oxlade - Corinne Stockley
★	103) Elektronik	Pam Beasant
☆	104) Vücudunuz ve Siz	Mike Unwin
☆	105) Deneylerle Bilim	Mike Unwin
★	106) Dünyayı Saran Ağ: WWW	Asha Kalbag
★	107) Fırtınalar ve Kasırgalar	Kathy Gemmell
☆	108) Toplama ve Çıkarma	Karen Bryant-Mole
o	109) İnsan Vücudu	
☆	110) Yeryüzünde Yaşam	Mike Unwin
★	111) Bilgisayardaki Adresiniz Web Sitesi	Asha Kalbag
	112) Anadolu Manzaraları	Hikmet Birand
	113) Bilim İş Başında	John Lenihan
o	114) Arkeoloji	Jane McIntosh
	115) Us Nerede? (K.Y.U. III)	Roger Penrose
o	116) Evrim	Linda Gamlin
☆	117) Küllerin Altındaki Sır	B. B. Calhoun
o	118) Fizik	Jack Challoner
☆	119) Kaslar ve Kemikler	Rebecca Treays
☆	120) Beş Duyu	Rebecca Treays
★	121) Kuşlar	F. Brooks - B. Gibbs
o	122) Kimyanın Öyküsü	Ann Newmark
	123) Hesabın Destanı (R.E.T. VIII)	Georges Ifrah
★	124) Elektrik ve Manyetizma	Peter Adamczyk - Paul-Francis Law
	125) Darwin ve Sonrası	Stephen Jay Gould
	126) Bilim Tarihi Yazıları 1	Alexandre Koyré
o	127) Kimya	Jack Challoner
	128) Maddenin Son Yapıtaşları	Gerard 't Hooft
o	129) Evren	
☆	130) İşte Dünya	Billy Aronson
o	131) 21. Yüzyıl	Michael Tambini
◆	132) Büyüklükler	Jenny Tyler - Robyn Gee
◆	133) Şekiller	Karen Bryant-Mole
◆	134) Ölçmeye Başlamak	Karen Bryant-Mole
◆	135) Zaman	Jenny Tyler - Robyn Gee
o	136) Taşların Dünyası	R. F. Symes
	137) Galileo'nun Buyruğu	E. B. Bolles
	138) Evrenin Şiiri	Robert Osserman
	139) Doğanın Gizli Bahçesi	Edward O. Wilson
	140) Hitit Çağında Anadolu	Sedat Alp
	141) Dünyayı Değiştiren Beş Denklem	Michael Guillen
	142) Hayvan Zihni	James Gould - Carol Grant Gould
o	143) Keşifler	Rupert Matthews
	144) Büyük Çekişmeler	Hal Hellman
o	145) Hayvanlar	
★	146) E-posta	Mark Wallace - Phillippa Wingate
★	147) Bilgisayarda 101 Proje	Gillian Doherty
	148) Yirminci Yüzyılda Paris	Jules Verne
o	149) Otomobil Çağı	
	150) Boşluk Bakışımın Biçimini Alıyor	Hubert Reeves
◆	151) Renkler	Karen Bryant-Mole
◆	152) Karşıtlıklar	J. Tyler - R. Gee
◆	153) Farklı Olanı Bul	J. Tyler - R. Gee
◆	154) Rakamlar	Karen Bryant-Mole
☆	155) Geçmişin Anahtarları	B. B. Calhoun
o	156) Derin Mavi Atlas	Bülent Gözcelioğlu - Ö. Faruk Aydıncılar
	157) İki Kültür	C. P. Snow
	158) Sonsuzluğun Kıyıları	Adrian Berry
☆	159) Mucizeler Adasına Yolculuk	Klaus Kordon
	160) Porof. Zihni Sinir Proceler	İrfan Sayar
	161) Atomaltı Parçacıklar	Steven Weinberg
▫	162) Marie Curie	Naomi Pasachoff
▫	163) Sigmund Freud	Margaret Muckenhoupt
▫	164) Johannes Kepler	James R. Voelkel
▫	165) Gregor Mendel	Edward Edelson
	166) Kör Saatçi	Richard Dawkins
	167) Yıldızların Altında	Michael Rowan-Robinson
▼	168) Yunan ve Roma Mitolojisi	Colette Estin - Hélène Laporte
◆	169) Saymaya Başlamak	J. Tyler - R. Gee
◆	170) 10'a Kadar Saymak	J. Tyler - R. Gee
◆	171) Toplamayı Öğrenmek	K. Bryant-Mole- J. Tyler
◆	172) Çıkarmayı Öğrenmek	K. Bryant-Mole- J. Tyler
	173) Macellanya	Jules Verne
	174) Tüfek, Mikrop ve Çelik	Jared Diamond
	175) Bilgisayar Ne Sayar (R.E.T. VIII)	Georges Ifrah
o	176) Ay'a İniş	Carole Stott
	177) Feynman'ın Kayıp Dersi	D. L. Goodstein - J. R. Goodstein
▫	178) Alexander Graham Bell	Naomi Pasachoff
	179) Hitit Güneşi	Sedat Alp
	180) Ekolojik Sorunlar ve Çözümleri	Necmettin Çepel
▫	181) İvan Pavlov	Daniel Todes

☆ ÇOCUK KİTAPLIĞI
★ GENÇLİK KİTAPLIĞI
o BAŞVURU KİTAPLIĞI
◆ OKULÖNCESİ KİTAPLIĞI
▫ YAŞAMÖYKÜSÜ DİZİSİ
▼ RESİMLİ CEP KİTAPLARI DİZİSİ